茶文化十二讲

中华文化公开课

尤文宪◎著

U0301654

当代世界出版社
THE CONTEMPORARY WORLD PRESS

图书在版编目（CIP）数据

茶文化十二讲 / 尤文宪著 . -- 北京：当代世界出
版社 , 2018.7
（中华文化公开课）
ISBN 978-7-5090-1354-0

Ⅰ . ①茶… Ⅱ . ①尤… Ⅲ . ①茶文化-中国 Ⅳ .
① TS971.21

中国版本图书馆 CIP 数据核字 (2018) 第 125792 号

茶文化十二讲

作　　者：尤文宪
出版发行：当代世界出版社
地　　址：北京市复兴路 4 号（100860）
网　　址：http://www.worldpress.org.cn
编务电话：（010）83907332
发行电话：（010）83908455
　　　　　（010）83908409
　　　　　（010）83908377
　　　　　（010）83908423（邮购）
　　　　　（010）83908410（传真）
经　　销：新华书店
印　　刷：天津冠豪恒胜业印刷有限公司
开　　本：710mm×1000mm　1/16
印　　张：16
字　　数：300 千字
版　　次：2018 年 11 月第 1 版
印　　次：2019 年 10 月第 2 次
书　　号：ISBN 978-7-5090-1354-0
定　　价：46.80 元

前言
PREFACE

　　中国文化源远流长，博大精深。作为炎黄子孙，学习和继承中华民族的文化遗产是每个中国人义不容辞的责任。说到中国文化，就不能不说中国的茶文化。中国是茶叶的故乡，制茶、饮茶已有几千年历史。中国还是茶树的原产地，也是饮茶文化的发源地。在漫长的历史岁月中，中华民族在茶的发现、栽培、加工、利用以及茶文化的形成、传播与发展上，为人类进步与文明谱写了光辉的篇章。

　　回首古代，很多文人墨客都有嗜茶之习，并将之作为吟咏的对象，托物言志，抒发感情。唐代卢仝的《走笔谢孟谏议寄新茶》把饮茶感受的细微变化从"喉吻润"到"两腋习习清风生"生动形象展现出来，传颂至今，成为茶诗中脍炙人口的千古绝唱。刘松年、唐寅、赵孟頫等以茶为题材所作的《仕女烹茶图》《煎茶图》《斗茶图》等名画流传至今，不仅成为国画艺术之珍品，也是研究中国茶文化的宝贵史料。此外，古代其他艺术门类也都广泛涉及茶事，共同构成了博大精深的茶文化。如今随着人们生活品位的提高，茶已经不再仅仅是作为一种饮食的嗜好而引起人们的兴趣，它开始作为一种文化现象受到了人们的关注，无论是茶的古老传统、茶的修身功能还是茶的品饮艺术等等都逐渐被人们所重视。

　　茶文化是中国传统文化的重要组成部分，它的内容十分丰富，涉及历史考古、经济贸易、科技教育、文化艺术、医学保健、餐饮旅游和新闻出版等学科与行业，包含茶叶专著、茶叶期刊、茶与诗词、茶与歌舞、茶与小说、茶与美术、茶与婚礼、茶与祭祀、茶与禅教、茶与楹联 、茶与谚语、茶事掌故、茶与故事、饮茶习俗、茶艺表演、陶瓷茶具 、茶馆茶楼、冲泡技艺、茶食茶疗、茶事博览和茶事旅游等方面。

本书以科学的态度和历史的眼光，翔实地介绍茶的起源、茶文化的发展历程、思想深邃的茶道哲学、闻名天下的著名茶品、历史悠久的茶具文化、多姿多彩的品茗艺术、传统独特的茶礼、不断变革的茶政茶法、各具特色的民俗茶、茶文化的经典著作、文人墨客的茶情、文学艺术中的茶事茶缘、特色鲜明的茶馆文化等内容。当然，茶文化的实际思想内涵要比上述12个方面丰富得多，本书只是从文化现象的角度对茶的主要内容进行了简单的概述，同时也在文中选配了大量的图片，旨在扩大读者视野，提高读者对我国茶文化的认识和鉴赏能力，为弘扬我国的茶文化贡献一点微薄的力量。

目录
CONTENTS

第二讲　茶道概览——行止寄胸怀

第三讲　茶叶分类——尘寰有神品

茶文化十二讲

中华文化公开课

第四讲 茶具知识——茗器盛馨海

第五讲 茶艺精粹——灵境交相悦

第六讲　茶礼仪式——品茗序尊伦

第七讲　茶政风云——榷茶与贡品

茶文化十二讲

中华文化公开课

第八讲 民俗茶流派——流芳有瑞芬

第九讲 茶典汇总——烹茗著奇书

第十讲　茶与文艺——墨香共茶香

第十一讲　茶与名士——风骨融清寂

中华文化公开课

茶文化十二讲

第十二讲 茶馆兴衰——市井茗风浓

第一讲

茶史溯源——千载话茶香

茶的起源

茶源于中国，自古以来，一向为世界所公认。近几十年来，随着茶学和植物学发展，证明了中国西南地区是茶树的原产地。

关于茶的起源时间，民间有很多传说。有人认为起源于上古，有人认为起源于周代，也有人认为起源于秦汉、三国、南北朝、唐代等。造成这种现象的主要原因是唐代以前的史书中无"茶"字，而只有"荼"字的记载。直到陆羽写出《茶经》才将荼字写成"茶"，但是茶始于神农的传说的确是存在的。

神农尝百草

中国古代有"神农尝百草，日遇七十二毒，得荼而解之"的传说。传说神农有一个水晶般的透明肚子，吃下什么东西，都可以从他的胃肠里看得清清楚楚。那时候的人，茹毛饮血，因此经常生病。神农为了解除人们的疾苦，就把看到的植物都尝试一遍，看看这些植物在肚子里的变化，判断哪些无毒哪些有毒。当他尝到一种开白花的树木的嫩叶时，发现其在肚子里从上到下，从左到右，到处流动洗涤，好像在肚子里检查什么，于是他就把这种绿叶称为"查"。以后人们又把"查"叫成"茶"。这当然只是一个传说，不足以证明茶的起源时间。茶起源于何时，至今仍是个谜。

茶树的种源

关于茶树的起源地，现在的史学家、植物学家、茶学者通过更为科学的手段进行了研究，证明了茶树起源地在我国的西南地区。

从植物学的角度看，某个属种在某一个地区集中，即表明该地区是这一植物区系的发源中心。目前世界上所发现的茶科植物共有23属，380余种，而我国就有15属，260余种，且大部分分布在云南、贵州和四川一

◆ 神农氏雕像

◆ 云南茶园

所在。茶树在其系统发育的历史长河中，总是趋于不断进化之中。经过植物学家和茶学工作者的调查研究和长期观察发现：我国的四川、云南、贵州及其相邻地区的野生茶树，具有原始型茶树的形态特征，这就证明了我国西南地区是茶树原产地。

由此可见，茶树的原产地是我国的西南地区。因此，西南地区也是茶文化的发祥地。

带，仅云贵高原地区就有60多种，其中以茶树种占主要地位。山茶科、山茶属植物在我国西南地区的高度集中，说明了我国西南地区就是山茶属植物的发源中心，当属茶的发源地。

从地质变迁的角度看，某种物种变异最多的地方，就是该物种起源的中心地。西南地区群山起伏，河谷纵横交错，地形变化多端，以致形成许多小地貌区和小气候区，在低纬度和海拔高低相差悬殊的情况下，导致气候差异大，使原来生长在这里的茶树，慢慢分置在热带、亚热带和温带不同的气候中，从而导致茶树的种内变异，发展成了热带型和亚热带型的大叶种和中叶种茶树，以及温带的中叶种及小叶种茶树。可见，我国西南地区是茶树变异最多、资源最丰富的地方，理应是茶树起源的中心地。

从进化学的角度看，凡是原始型茶树比较集中的地区，当属茶树的原产

延伸阅读

茶树

在植物学上，茶树属山茶科，是常绿木本植物。一般为灌木，在热带地区也有乔木型茶树。栽培茶树往往通过修剪来抑制纵向生长。所以，树高多在0.8—1.2米间。茶树的树龄一般在50—60年间。茶树的叶子呈椭圆形，边缘有锯齿，叶间开五瓣白花，果实扁圆，呈三角形，果实开裂后露出种子。春、秋季时可采茶树的嫩叶制茶，种子可以榨油，茶树材质细密，其木可用于雕刻。此外，有许多茶树的变种也用于生产茶叶。我国是世界上最早种茶、制茶、饮茶的国家，茶树的栽培已有几千年的历史。在云南有棵"茶树王"，高13米，树冠32米，已有1700年的历史，是现存最古老的茶树。

食茶文化考究

茶最早是被人们当作食物的，尤其是在物资匮乏的原始社会，茶更是一种充饥之物。后来随着人类文明的发展，食茶也逐渐成为一种风俗，甚至在一些地区形成了食茶文化。

食茶在中国有着悠久的历史，无论是民间的各种传说还是历史文献中都有相关记载，这也是茶文化形成的准备和铺垫。

传说中的食茶

在湘西民间流传着一段《苗族古歌》："在那茫茫的太初，……天塌下来了，砸死了哪一个？砸死了有婆婆。把她埋在哪里？埋在靠河的地方。她伸腿就碰到了茶树………"这段古歌里所描绘的是苗族人上古时期的记忆，从歌中的情形看，可能是发生的一场剧烈地震，人们将死去的人埋在靠河的茶树旁。

◆ 古茶树

古歌里专门提到了茶，显然茶与人们的生活息息相关，甚至起着举足轻重的作用，虽然我们现在无法断定古歌中所描绘的"太初"所指的具体年代，但肯定是在种植业出现之前，那么古歌中所提到的茶树也不会是人工栽培的，而是自然生长的茶林，并且茶林的面积很大。所以，此时的茶不可能是药用或是饮用，唯一合理的解释是，这些茶叶是人们用以果腹的食物。

历史悠久的食茶

在原始社会，人们主要靠狩猎和采集野果及一些可食用植物为生，茶就很有可能被当作植物性食物而被人类所发现和利用。可见，茶最初是作为食物行之于世的。其原因很简单，在生存艰难、食不果腹的原始社会，茶绝不会首先作为饮料，也不可能作为药物而使用。

在渔猎社会向农耕社会转变的神农氏时期，人们的生活十分艰难，采集食物活动占据重要地位。为了生存，扩大食物来源是原始人的首要任务。原始人把收集到的各种植物的根、茎、叶、花、果都用来充饥，只要不会中毒，就不会影响原始人的食用。这种现象从古文献中也可以看到，古者"未有火化，食草木之实、鸟兽之肉，饮其血，茹其毛"（《礼记·礼运》）。由此可见，虽然农耕已经萌芽，但由于当时的社会生产力低下，神农氏"求可食之物，尝百草之实"也是十分自然的事情，植物用以果腹是当时人们的第一目的和最初出发点。

事实上，茶叶也的确可以食用，尤其是茶树的新鲜叶芽。在春秋时期就有食茶的风俗。《晏子春秋》中就曾记载："晏之相齐，衣十升之布，脱粟而食，五卵，茗菜而已。"晏子为春秋时人，茗菜就是用茶叶做成的菜羹，这也进一步说明了茶在那个时候是被当作菜食用的。

居住在中国西南边境的基诺族至今仍保留着食用茶树青叶的习惯，而傣族、哈尼族、景颇族则把鲜叶加工成竹筒茶当菜吃。加工竹筒茶时，先将鲜叶经日晒或放在锅里蒸煮，使叶子变软，经搓揉后装进竹筒里，使茶叶在竹筒里慢慢地发酵，经两三个月后桶内的茶叶变黄，劈开竹筒，取出茶叶晒干，再加香油浸泡，然后作为蔬菜食用。

云南南部的少数民族也保留着加工和食用"腌菜"的习惯。他们将采集到的茶树青叶晒干或风干后保存起来（这是最原始的茶叶贮存方法，可以随时取用）。然后把晾晒过的茶树青叶压紧在瓦罐里，放置一段时间，做成"腌菜"。这些古老的民间习俗都折射出人类最初利用茶叶的方式。

◆《晏子春秋》书影。此书中出现了早期以茶羹待客的记载。

布朗族吃茶文化

布朗族是中国最早种茶的民族之一，千年前的布朗祖先叭岩冷把经人工栽培后的野生茶叫做"腊"，后来为傣族、基诺族、哈尼族的人们所借用。布朗族的风俗之中有腌菜茶的传统，并在腌制好的茶叶上加适量辣椒和盐嚼食。"腌菜茶"酸涩清香、喉舌清凉、回味甘甜，多食则成癖，该茶也是招待年长者和贵宾的佳品。此外，布朗族食茶的方式还有：吃酸茶、吃烤茶、煮青竹茶。

古代布朗族把野茶当"佐料"食用，称为吃"得贵"。布朗族对"得贵"的认识不断加深，并将其人工培植、转化成可以大面积种植的茶树，然后开始广泛种植。布朗族人常把茶叶采下来带在身上，劳累时就把它放到嘴里含着来消除劳累。

茶的药用时代

茶叶被食用之后，其药用功效逐渐被人们发现和认识，茶叶随之转化为养生、治病的良方。关于茶的药用价值，千百年来为众多的药书和茶书所记载。而且，茶的一些药用功能至今仍为人们所看重。

关于茶的药用功效，曾流传着这样一个故事：很久以前，巴山脚下住着一位老人。有一天老人去鸡窝里收鸡蛋，看见一条蛇吞了一颗鸡蛋，老人很生气就找了一个鹅卵石放在鸡窝里，第二天蛇吃了胀的难受，就吸篱笆旁边一棵树上的叶子，奇怪的是，不一会儿蛇肚子上胀起的疙瘩很快消失了。过了几天，老人也吃多了东西，肚子很胀，于是他也从那棵树上摘了几片叶子吃了，一会儿肚子就好了。此后，老人断定这棵树是宝树。人们便根据老人的姓称这棵树为"查树"，传到后来变成了"茶树"。这个故事很有传奇色彩，其真实性不可考，但也说明了茶的助消化功能。

原始人对茶药的认识

在人类社会早期，原始人在长期搜索和寻找食物的过程中，经过"尝百草"的亲身实践，逐渐认识到一些植物学和药物学的知识。经过长期的归纳和总结，人们也慢慢认识到某些植物可以治疗某种疾病，以后便

◆ 茶山

◆ 《神农本草》书影

字），也许正是因为茶能治病、提神，所以他把茶归入药材一类。

汉末华佗的《食论》再次对茶能治病、提神的说法进行了论证。这说明茶药的使用越来越广泛，也从另一个侧面证明了茶在作为正式饮料之前的作用。

魏晋南北朝时期，有不少典籍描述茶的药性。如南北朝任昉《述异记》："巴东有真香茗，煎服，令人不眠，能诵无忘。"说明人们对茶的益智、少眠、提神作用已经有了较明确的认识。

此外，食疗在中国民间也有悠久的传统，中国历来有"万食皆药"的观念，把茶既当作食物又当作药物是非常自然的。

有意识地使用这些植物。当然，传说中的神农发现茶叶不一定确有其事，茶叶的发现可能是无数先民在长期实践的过程中发现的，"神农尝百草，得茶而解之"的传说只不过是对先民的歌颂。

茶药发展历程

古人把茶的疗效进行总结，再上升为理论，写进医书和药书，这个过程极为漫长。因此，先秦时期关于茶药的记载并不多，这并不是人们不重视茶的药用作用，而是当时的人对药物学并无明确的概念分野。

西汉的《神农食经》中讲到"茶茗久服，令人有力、悦志"。此外，《神农本草》这本药物学著作也明确提到茶的医疗功效。司马相如在《凡将篇》中还列举了20多种药材，其中就有茶（当时写作"荼"

汉代的茶饮料

人们在食茶和把茶作为药物食用的过程中，逐渐发现茶的药性很弱，但是具有一定的兴奋作用，因此茶开始转化为饮料。直到汉代，饮茶才成为一种新的潮流，渗透于社会的各个阶层。

茶由食用到药用，再到饮用的转变过程，是人类对茶的认识逐渐深化的过程，在这一过程中，人类逐渐忽略了茶的那些不突出、不重要的功效，把握了茶最为显著的功效——令人兴奋，并根据这种特殊的功效找到了利用茶的最佳方式——饮用，于是茶在中国终于成为一种饮料。这一转变大约在汉代完成。

◆ 茶园

王褒笔下的"茶饮料"

王褒，字子渊，西汉文学家，生卒年不详。蜀资中（今四川省资阳市雁江区墨池坝）人。他的文学创作活动主要在汉宣帝时期。他是我国历史上著名的辞赋家，与扬雄并称"渊云"。

王褒《僮约》记载了茶在四川成为普遍性饮料的情形。据记载，汉宣帝时期，奴仆的日常工作有两项与茶有关，即"烹茶尽具"和"武阳买茶"。其中"烹茶尽具"指的是烹煮茶叶和清洗茶具。这成为仆人的日常劳动，说明在西汉时期茶成为一种经常饮用的家庭饮料，至少在王褒家里是这样的。

"武阳买茶"中的武阳，即今天四川的彭山、仁寿、眉山等地，以及双流的南部地区。这些地方距离王褒的家成都不远，是我国传统的产茶区。武阳在当时很有可能是一个大型的茶叶市场。奴仆们几乎每天都去武阳买茶，说

◆ 《煮茶图》明 陈洪绶

明当时茶叶的消耗量之大，假设作为药用，茶不可能有如此大的消耗，这也从侧面反映茶在四川已经十分流行。

饮茶之风的兴起

在汉代，茶作为饮料的功能正在逐渐强化，但是作为饮料的茶是无法与它的药用完全脱离的，由此形成了饮料与药用并存且相结合使用的形式。所谓药用与饮料并存，是指茶有时被当做药物，有时则被当做一种饮料。

汉代，许多关于茶的文献都出自文人之手，比如司马相如的《凡将篇》、许慎的《说文解字》、王褒《僮约》等等。这说明了茶已经成为当时文人经常饮用的饮料，也体现了文人对茶的重视。由于饮茶使人精神兴奋、思维活跃，而这恰恰满足了文人写作的实际需求。尤其是汉末，东汉王朝没落，逐渐兴起了玄谈之风。文人们终日高谈阔论，当然也需要助兴之物。茶可长饮而且令人神清气爽，于是饮茶在汉末迅速发展。

此外，从汉代的一些文学作品中也可以看出，当时的茶叶产量与销量的规模，这反映了民间对茶叶的需求。说明喝茶在民间也很广泛，就像今天很多人喝茶一样，仅仅是出于一种习惯，而不是刻意追求精神兴奋。民间对茶叶的这种观念，使茶成为一种更纯粹的饮料。

延伸阅读

"茶祖"诸葛亮

诸葛亮是云南茶区很多民族共同尊奉的"茶祖"，这与其在南征中采取的安抚政策有关。这些政策在西南各民族中产生了广泛、深远的影响，在此基础上，还有不少与他相关的传说：基诺族的祖先跟随诸葛亮南征到达西双版纳，班师时因掉队而流落在当地山区，被称为"丢落人"，即今基诺族。他们所在的地方被称为攸乐山。诸葛亮派人给他们送来了茶籽，让他们在山上种植茶树为生。攸乐茶山从此不断发展，成为著名的普洱茶六大古茶山之一。这些传说，虽缺乏史料的佐证，但云南茶区的广大茶农都尊奉诸葛亮为"茶祖"却是事实，每年农历七月二十三日诸葛亮生日，不少村寨都举行"茶祖会"，祭拜诸葛亮，祭拜属于"武侯遗种"的古茶树，祈求茶叶丰收、茶山繁荣、茶农平安。

以茶养廉的魏晋时代

魏晋南北朝时期，社会风气十分奢靡，在一些进步政治家的积极倡导下，以茶养廉之风开始出现。由此可见，茶逐渐超越了其自然属性的范畴，开始进入世俗社会。

魏晋南北朝时期，门阀制度盛行，官吏及贵族皆以夸豪斗富为美，使得纵欲主义盛行，世风日下。这种奢靡的社会风气深为一些有识之士痛心，于是出现了陆纳以茶待客、桓温以茶替代酒宴、南齐世祖萧颐以茶祭奠等事例。这些政治家提倡以茶养廉，用以纠正社会的不良风气，使茶成为节俭作风的象征。

陆纳以茶待客

陆纳，字祖言，他少年时代就崇尚清流，贞厉绝俗。太原王述雅敬重他，引荐为建威长史。后又任黄门侍郎、本州别驾、尚书吏部郎等职，晚年出任吴兴太守。陆纳为

人廉洁，在他看来，客来待之以茶就是最好的礼节，同时又能显示自己的清廉之风。在他任吴兴太守时，有一次卫将军谢安去拜访。陆纳并没有大肆招待，只是清茶一碗，辅以鲜果而已。他的侄子非常不理解，以为叔父小气，有失面子，就擅自办了一大桌菜肴。陆纳得知非常生气，待客人走后，就揍了侄子四十棍，边揍边说，你不能给叔父增半点光，还要来玷污我俭朴的家风。

刘琨以茶解闷

刘琨，字越石，中山魏昌（今河北无极东北）人，西汉中山靖王刘胜的后裔，西晋诗人、音乐家和爱国将领。在"八王之乱"的末期，司马越掌了朝政大权，刘琨被派往西北重镇并州镇守，此时北方匈奴乘虚而入。刘琨眼见领土丧失，国无宁日，心中十分苦闷，但他并没有因意志消沉而追逐奢靡，而是以喝茶来解闷消愁。当时刘琨曾在一封给他侄子刘演的信中说，以前收到你寄来的安

◆ 《碾茶图》宋 刘松年

茶、饭、酒和果脯就可以了，自此茶开始步入大雅之堂，被奉为祭品。这也是萧颐针对当时贵族糜费的丧葬仪式所提出的改革。萧颐发布的遗诏，对后世以茶为祭的习俗有所推动。

茶之所以被视为一种节俭生活的象征，不仅是因为它被社会上层和普通百姓饮用，更重要的是它的价格便宜。"茶"与"俭"建立联系，并不是由茶所特有的物质属性，而是茶的社会属性。总之，以茶养廉之风在魏晋南北朝的兴起，说明茶已经作为一种文化开始萌芽。

◆《煮茶图》清 李方膺

州干姜一斤、桂一斤、黄芩一斤，这些都是我所需要的。但是当我感到烦乱气闷之时，却常常要喝一些真正的好茶来消解，因此你可以给我买一些好茶寄来。

萧颐以茶为祭

萧颐，字宣远，汉族，祖籍南兰陵。齐高帝萧道成长子，南朝齐武皇帝，年号永明。齐武帝十分关心百姓疾苦，他以富国为先，不喜欢游宴、奢靡之事，提倡节俭。萧颐在他的遗诏中说，我死了以后，千万不要用牲畜来祭我，只要供上些糕饼、水果、

第一讲 茶史溯源——千载话茶香

南北朝时的古刹茶香

魏晋南北朝时期，茶更深入、更广泛地融入了中国人的生活。更为重要的是，茶在这一时期开始与道家、佛家的思想发生联系，并作为一种精神文化现象开始萌芽。

从某种意义上讲，茶开始与人的精神生活发生联系，表现为茶的仙药化和茶的寺院化。这不仅从一个特定的方向推动了饮茶的普及，更重要的是茶逐渐成为人们的精神追求。

茶的仙药说

关于茶的仙药传说有很多，其中流传于福建的兄妹三人寻"仙草"救乡亲的故事比较有名。远古时期，天气大旱，瘟疫四起，病者、死者无数，为了救民众，有一家兄妹三人决定上山去采"仙草"。大哥走了36天终于到了洞宫山下，向一位仙人问路，仙人告诉他："仙草就在山上龙井旁，上山时只可向前，千万不能回头，否则采不到仙草。"大哥因为好奇而回头，结果变成了石头。二哥也重蹈覆辙。小妹则义无返顾，终于采到仙草上的芽叶，救活了乡亲们，而后又将这种植物种满山坡。

实际上这种"仙草"就是茶。这个故事旨在说明茶的神奇来历，也说明了人们对"茶"的神化。魏晋南北朝时期，茶与道教结合，由此茶开始了仙药化。当时的文人有

饮茶以求长生的风气。在魏晋文人的一些作品里，充满了对时光飘忽和人生短促的感慨。阮籍是这样，陶渊明也是这样，许多文人都有对生命的哲学认识。事实上，在魏晋南北朝时期，茶的养生功效已经成为很多人的共识。

◆ 寺院茶

茶与佛的初遇

僧人饮茶最早是在晋朝，并在茶中融进"清静"思想，他们通过饮茶把自己与山水、自然融为一体，从而得到精神寄托，即

饮茶可得道，茶中有道。

南北朝时期，佛教开始在中国盛行，佛教提倡坐禅，饮茶则可以提神醒脑、驱除睡意，有利于清心修行。因此，一些名山大川中的寺院开始栽茶、制茶、讲究饮茶，这些寺院也开始成为生产、宣传和研究茶叶的中心。

根据史料记载以及民间传说，我国古今众多的名茶中，很多都是由寺院种植、炒制的。如四川雅安出产的"蒙山茶"，相传是汉代甘露寺普慧禅师亲手所植，因其品质优异，被列为向皇帝进贡的贡品。福建武夷山出产的"武夷岩茶"，该茶以寺院采制的最为正宗，僧侣按不同时节采摘的茶叶，分别制成"寿星眉"、"莲子心"和"凤尾龙须"三种。江苏的"水月茶"，即现今有名的"碧螺春"，由洞庭山水月院的山僧采制。皖南茶区所产的"屯绿茶"，也是由寺僧采制，工艺精巧，名扬海内，人称"大方茶"。浙江云和县惠明寺的"惠明茶"，也有色泽绿润，久饮香气不绝的特点。此外，产于普陀山的"佛茶"、黄山的"云雾茶"、云南大理感通寺的"感通茶"、浙江天台山万年寺的"罗汉供茶"、杭州法镜寺的"香林茶"等，都是最初产于寺院中的名茶。

在当时的历史条件下，只有寺庙最有条件研究茶叶。因为寺庙都有一定的田产，而且不参加劳动，他们有时间、有能力来研究茶的采造、品饮，以及作诗写词宣传茶文化，所以，我国有"自古名寺出名茶"之

◆ 山僧采制的水月茶

说。可见，佛教在自身传播的同时也推动了饮茶的普及。

延伸阅读

寺院的饮茶之道

我国的不少佛门圣地、名山寺庙都种有茶树，僧人自采自制，饮茶念佛，修身养性，高龄僧人无数，究其长寿原因，与长期饮茶有关。佛教十分讲究饮茶之道。寺院内设有"茶堂"，是专供禅僧辩论佛理、招待施主、品尝香茗的地方；法堂内的"茶鼓"是召集众僧饮茶所击的鼓。另外寺院还专设"茶头"，专管烧水煮茶，献茶待客；并在寺门前派"施茶僧"数名，施惠茶水。寺院中的茶叶，称作"寺院茶"，一般用途有三：供佛、待客、自奉。据《蛮瓯志》载，觉林院的僧人待客以中等茶、自奉以下等茶、供佛以上等茶。"寺院茶"按照佛教规矩有不少名目，每日在佛前、堂前、灵前供奉茶汤，称作"奠茶"；按照受戒年限的先后饮茶，称作"戒腊茶"；化缘乞食得来的茶，称作"化茶"等等。

唐代茶文化的繁盛

唐代是中国封建社会的鼎盛时期，茶业得到统治阶层的重视，茶也成为"举国之饮"。陆羽的《茶经》开创了为茶著书立说的先河，标志着我国茶文化的确立。

唐朝是中国封建社会发展的一个高潮，经济的繁荣和社会的安定为饮茶提供了条件，人们有了更多的闲暇和从容心境去领略茶的美好滋味，从而加快了饮茶的普及，并很快成为整个社会的生活习俗。

繁盛的唐代茶业

贞观年间，百业待兴。茶业也逐渐兴旺起来。开明的经济政策、发达的交通、往来的商贾、茶丝交易的兴盛，为饮茶的传播

◆ 鉴真大师雕像

和普及提供了便利的市场条件。上至朝廷显贵，下至黎民百姓，形成了"举国之饮"的社会风尚。

唐朝统治阶级重视茶业，提倡饮茶。统治者为了确保百姓的生活用粮，推行过禁酒令，引导百姓饮茶，以茶代酒。

公元641年文成公主嫁给松赞干布时，茶作为陪嫁之物而入藏。随后，西藏饮茶之风兴起，甚至达到"宁可三日无粮，不可一日无茶"的程度。此外，唐代还兴起了"茶马交易"，开始与周边少数民族贸易往来，用茶叶、丝绸换回良马、玉石等物品，少数民族的饮茶之风也开始兴起。唐代"风俗贵茶"的局面，吸引日本僧众专程来大唐留学，鉴真大师也多次应邀去日本讲学。在对外交往活动中，以茶作为珍贵礼品相赠。

佛教自唐代开始进入繁盛时期。寺院的发展对茶的传播和饮茶风习的普及起到了不小的作用。寺院大多数建在名山中。这些地方的气候、水土等自然条件往往很适合茶树的生长，寺院旁边一般都建有茶园，多有名茶传世，如灵隐佛茶等。僧人坐禅清修、

茶文化十二讲

中华文化公开课

◆ 陆羽纪念馆

净化灵魂，往往借助于茶，得益于茶。在饮茶实践中，僧人们爱茶、种茶、研究茶、烹茶、饮茶、赞美茶。茶成了僧家兴佛事、供菩萨、做功课的必备之物。

唐代，茶会、茶宴开始兴起并成为时尚，文人雅士邀见朋友聚会，或厅堂或庭院，以茶相待，兴致极浓，或吟诗作赋，或填词作画，或切搓技艺，或促膝谈心，欢快非常，被称作茶话会，并且成为一种固定的民族文化形态，历代相传。

《茶经》的问世和茶文化的确立

陆羽（733—804年），字鸿渐，汉族，唐朝复州竟陵（今湖北天门市）人，一生嗜茶，精于茶道，以著《茶经》而闻名于世，他对中国茶业的发展作出了卓越贡献，被誉为"茶仙"，尊为"茶圣"，祀为"茶神"。

佛门出身的陆羽一直注意收集历代论及茶叶史料，并且亲自参与调查和实践，通过对几十年经验的总结，撰成《茶经》。《茶经》是我国茶文化发展到一定阶段后的产物，也是中国乃至世界现存最早、最完整、最全面的茶学专著，被誉为"茶叶百科全书"。它详细记录了茶叶生产的历史、源流、现状、生产技术以及饮茶技艺、茶道原理，是研究中国古代茶业的重要著作。同时，它也将普通茶事升格到精神层次，推动了中国茶文化的发展。

从文化学的角度讲，《茶经》在唐代的出现并不是偶然的现象，而是我国饮茶文化发展的必然结果。《茶经》一书，将我国有关茶的知识与经验进行了理论上的升华，并通过对饮茶相关内容的规范化，把儒、道、佛等思想融合到饮茶的过程之中，使饮茶的文化内涵趋于深刻和丰富，对我国茶文化的发展起到了承前启后的作用。

延伸阅读

法门寺地宫出土的茶具

西安法门寺地宫曾出土了一套唐代官廷茶具，经考证是唐僖宗李儇的御用茶具。据地宫出土的《物帐碑》记载，这批茶具有"笼子一枚重十六两半、龟一枚重廿两、盐台一副重十一两、结条笼子一枚重八两三分、茶槽子、碾子、茶罗、匙子一副七事共重八十两"等。

僖宗皇帝将这批茶具作为国宝重器奉献于佛祖，一是表示虔诚礼佛的心愿，二是代表佛教的茶供养。这批茶具，展示了从烘焙、研磨、过筛、贮藏到烹煮、饮用等制茶工序及饮茶的全过程，且配套完整，自成体系，为世界上目前发现时代最早、等级最高的金银茶具，反映了唐代茶文化所达到的最高境界，确凿地证实了唐代官廷茶道和茶文化的存在。它既是唐代官廷饮茶风尚的佐证，同时又是一整套完美的艺术精品。

宋代的茶文化

中国茶文化史上有"茶兴于唐，而盛于宋"的说法，宋代茶文化在继承前代的基础之上，形成了自身特有的品位，出现了独特的斗茶、精美的团茶和大量的茶著。

唐朝之后，宋代的饮茶之风更为普及，茶深入到社会各个阶层，渗透到日常生活的每一个角落。同时在茶马贸易的影响下，茶也开始成为周边少数民族的生活必备品。

斗茶之风的盛行

与唐代相比，宋代的茶文化有了明显的变化。文人雅士热衷于"斗茶"的活动。据考证，斗茶活动开始于唐代的福建建州（也有学者认为创始于广东惠州）。但是到了宋代，这种斗茶活动才开始盛行，而且传播范围甚广，不仅民间流行，甚至波及到皇室。

龙团凤饼的出现

由于皇室对贡茶的要求越来越高，宋代开始出现了所谓的龙团凤饼。龙团凤饼是一种价值极高，并且本身就具有欣赏价值的茶饼，由于这种茶有龙或凤的图案，所以，称之为龙团凤饼。龙团凤饼与一般的茶叶制品不同，它把茶本身艺术化。制造这种茶有专门的模型。压入模型称"制銙"，銙有方形，有大龙、小龙銙等许多名目。制造这种

茶程序极为复杂，采摘茶叶需要在谷雨前，且要在清晨不见朝日。然后精心摘取，再经蒸、炸，又研成茶末，最后制成茶饼，过黄焙干，色泽光莹。制好的茶分为十纲，精心包装，然后入贡。

这种茶已经不是为了饮用，而是在"吃气派"。欧阳修在朝为官二十余年，才蒙皇上赐了一饼，普通的大众百姓更是品尝不起。这种奢侈的作风完全背离了"茶性俭"的基本精神，是对传统茶文化的背离。

茶叶典籍的大量增加

宋代茶著的数量比唐代多，一共有九

◆ 饼茶

中华文化公开课

茶文化十二讲

部，且大多篇幅较长，但这些茶著多着墨用于技术问题，对茶道精神的创建并不多。其中比较重要的有蔡襄的《茶录》、宋徽宗赵佶的《大观茶论》、熊蕃的《宣和比苑茶贡》。

蔡襄《茶录》的主要贡献是提出了茶必须色、香、味俱全，这个标准直到今天还在沿用。他还记录了斗茶的全过程，以及胜负的评判标准。此外，他还提出了茶具以黑为贵的鉴赏理论。

宋徽宗赵佶以万乘之尊写成的《大观茶论》为茶文化的发展做出了杰出的贡献。他进一步阐明了茶与人的关系，对前人在饮茶中所获得的精神体验进行了高度的理论概括，提出了"冲淡简洁"的饮茶观。他还提出"水以清轻甘洁为美"。此外，《大观茶论》中对制茶、茶具、点茶也提出了精辟的见解。

熊蕃的《宣和北苑茶贡》详述了茶的沿革和贡品种类，并附载了相关的图形，详细描绘了贡茶品种的形制，是研究宋代茶业的重要文献。

茶马司的设置

在古代，马匹是一种战略物资，而茶是少数民族不可缺少的生活用品，所以茶马贸易开始引起了朝廷的重视，自宋朝开始，朝廷便设茶马司，专门负责以茶叶交换周边各少数民族马匹的工作。

茶马贸易推动了各民族间的文化交流，而且当内地的茶叶进入少数民族居住区之后，对当地的生活方式也产生了重要的影响。此外，少数民族由于自己的生活习惯对茶提出的特殊要求，又推动适应这种要求的

◆ 宋徽宗赵佶

茶叶的加工方式，在此基础之上产生了专门供应少数民族地区饮用的边茶。

知识小百科

斗茶的评判标准

斗茶的评判标准主要有两个方面：

一是汤色，即茶水的颜色。一般标准是以纯白为上，青白、灰白、黄白则为下等。色纯白，表明茶质鲜嫩，蒸时火候恰到好处，色发青，表明蒸时火候不足，色泛灰，则为蒸时火候太老，色泛黄，则采摘不及时，色泛红，是炒焙火候过了头。

二是汤花，即指汤面泛起的泡沫。决定汤花的优劣要看两条标准：其一是汤花的色泽，汤花的色泽标准与汤色的标准是一样的；其二是汤花泛起后，水痕出现的早晚，早者为负，晚者为胜。如果茶末研碾细腻，点汤、击拂恰到好处，汤花匀细，有若"冷粥面"，就可以紧咬盏沿，久聚不散，这种最佳效果，名曰"咬盏"。反之，汤花泛起，不能咬盏，会很快散开。汤花一散，汤与盏相接的地方就露出"水痕"（茶色水线）。因此，水痕出现的早晚，就成为决定汤花优劣的依据。

辽金元时期的茶文化

宋辽、宋金的交往，使茶文化正式传播到北方游牧民族中，奠定了此后上千年间北方民族的饮茶习俗。元朝统一中国后，蒙古族统治者大兴散茶，茶文化出现了返璞归真的迹象。

辽金元三个王朝都是北方的游牧民族建立的政权，尤其是辽金一直与与宋朝对峙，在长期的交往中，受到汉族茶文化的影响较大。

辽的茶文化

辽代的茶文化，主要是通过宋辽外交使者引入北方。辽国朝仪中，"行茶"是重要内容。《辽史》中有关这方面的记载比

◆ 内蒙古赤峰辽代墓中的奉茶壁画（局部）

《宋史》还多。据《辽史》记载，北宋使节到辽，举行参拜仪式后，主客就坐，然后就是行汤、行茶。如果北宋的使节要见辽朝皇帝，殿上酒三巡后便先"行茶"，然后再行

肴、行膳。至于辽朝内部礼仪，茶礼也更为复杂。如皇太后生辰，参拜之礼后行饼茶，大馔开始前又行茶。辽还有朝日之俗，崇尚太阳，拜日原是契丹古俗，但也要于大馔之后行茶，把茶仪献给尊贵的太阳。

金的茶文化

在南宋与金对峙期间，宋朝饮茶礼仪、风俗同样影响到女真人，女真人又影响到党项人，从此金和西夏的茶礼大为流行。金国人不仅在朝廷的礼仪中要行茶礼，民间的茶礼也很繁琐。比如女真人的婚礼就极为重视茶，男女订婚之日首先要男家拜女家，这是北方民族母系氏族制度的遗风。当男方的客人都到了，女方的全部家族成员就稳坐在炕上接受男方的参拜大礼，称之为下茶礼。

元的茶文化

蒙古人入主中原之前，由于粗犷豪爽的民族性格和肉食乳饮的生活习惯，统治者对宋代精致儒雅的茶艺、茶道不感兴趣。直到忽必烈在大都立国之后，蒙古族才开始学习汉族的文化，但由于蒙古人秉性朴质，不

◆ 内蒙古赤峰辽代墓壁画，反映了辽宋交往中的奉茶礼仪。

好繁礼缛节，大多数人爱直接喝茶叶，于是散茶大为流行。

从宏观上讲，元代对茶的接受，主要是饮食习惯上的接受，而不是对茶的精神文化内涵上的接纳。此外，元代也没有产生茶学的专著，没有人对茶学进行专门的研究。

茶文化在元代开始走向简约，涉及茶的诗词、文章也很少，仅有极个别的文人写出了一些高水平的茶诗。如元初耶律楚材的《西域从王君玉乞茶因其韵七首》："积年不啜建溪茶，心窍黄尘塞五车。碧玉瓯中思雪浪，黄金碾畔忆雷芽。卢仝七碗诗难得，谂老三瓯梦亦赊。敢乞君侯分数饼，暂教清兴绕烟霞。"诗中说自己多年没有喝到福建的茶了。由于没有好茶，自己的心窍都被尘土塞满了。看见喝茶用的碧玉瓯就想到瓯中雪浪翻滚的情形，看见碾茶的黄金碾就想起初春的嫩茶。你知道我常在梦里喝三杯好茶，请你把好茶给我几饼，也让我能欣赏烟云霞光。

耶律楚材是契丹贵族后裔，由金入元，很受蒙古统治者器重，是元初的重要政治家和大文人。以他当时的地位而得不到好茶，可见当时茶的生产数量剧降。同时从一个侧面透露出当时少数民族对茶和文化的渴求。

由于当时汉族文化受到了北方游牧民族的冲击，饮茶的形式开始由精细转化为随意，茶文化的精神由深邃转化为稀薄。茶文化的这种变化为明代散茶的盛行提供了条件。

明初饮茶方式的变革

明朝初年，朱元璋下诏废除了茶饼进贡，使得散茶得到较快的发展，多种新的茶被创制出来。冲泡散茶之风的兴起，也使饮茶的成本更为低廉，推动了茶的普及。

明初，饮茶开始变得简单方便，饮用冲泡散茶成为当时的主流，这种泡饮法加快了饮茶在民间的进一步发展，受到了社会各个阶层的欢迎，它也代表了一个新的品饮方式和潮流。

朱元璋废"龙团"

在元朝，虽然散茶已经得到一定的普及，但贡茶仍采用团饼茶。直到明初才有所改观，这是因为明代开国皇帝朱元璋出身于社会底层，深知前朝的弊病与民间的疾苦，认为进贡茶饼有"重劳民力"之嫌，于是下令罢造"龙团"，改进芽茶。朱元璋废茶团并非突发奇想，它从一个侧面说明散茶在当时的流行程度。废团茶在客观上推动了芽茶和叶茶的发展，对明朝茶叶技术的革新起到了促进作用。

宋代的知名茶叶寥寥无几，仅文献中提及的日注、双井等几种。但是到了明代，由于制茶技术的改进，各地的名茶发展很快，品类日渐增多，仅黄一正的《事物绀珠》一书中辑录的"今名茶"就有97种之多，绝大多数都是散茶。在散茶、叶茶发展的同时，其他茶类也得到了全面的发展，乌龙茶、黄茶、黑茶、白茶等都已出现。

冲泡散茶之风兴起

由于明太祖朱元璋的提倡，散茶成为主要的饮茶方式，虽然以前的煎茶与点茶的方法依然存在，但是已经成为大部分人寄托情怀的一种特殊的方式。据现有的资料看，散茶冲泡在当时已经得到了绝大部分人的认同，如文震亨《长物志》载："简便异常，天趣悉备，可谓尽茶之真味矣"。可见，简单方便的冲泡散茶之法，深为大众所欢迎。

◆ 朱元璋像

◆ 武夷山茶园的朱权雕像

如果说，明以前的饮茶还是封建社会部分人的专利，那么从明代开始，饮茶逐渐成为普通百姓日常生活中不可或缺的重要组成部分，而且与社会生活、民俗风情等结合起来，产生了深入而广泛的影响。

朱权的茶道

朱权是明太祖朱元璋的第十七个儿子，深为朱元璋所宠信，曾被封为宁王，手握重兵，镇守北部。在散茶大行、饮茶风气为之一变的情况下，朱权受时代风气的影响，以自己特殊的政治地位和人生经历，结合自己对茶的理解，撰成《茶谱》一书，对明代饮茶模式的确立产生了极为深远的影响。

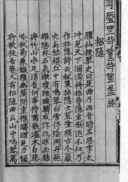

◆ 《茶谱》书影

朱权将普通的饮茶提升到"道"的高度，并且将饮茶看作明志及"有裨于修养之道"的一种方式，这进一步完善了唐宋以来的茶道艺术，而且为文人饮茶向精雅化发展做了理论上的准备。

朱权提倡饮茶与自然环境的统一。这种茶与自然相融合的理念，自陆羽在《茶经》中提出后，到了宋代几乎中断，在朱权的努力下，饮茶的环境重新得到了人们的重视，并成为一种流行之风。

明朝废除团茶后，朱权对一些新的品茶、饮茶方式进行了变革，简化了传统的品饮方式和茶具，开创了清饮之风。此外，朱权的品饮方式经后人的改进，形成了一套简单的烹饮方法，影响颇为深远。

延伸阅读

明太祖御封厨师

明洪武三年，太祖朱元璋到灵山寺降香，汝宁府专门派来厨师为皇帝泡茶。茶泡好后，朱元璋打开茶杯盖，一股沁人肺腑的清香直扑口鼻，未曾入口，便产生了一种飘飘然欲仙之感，一口茶进去，舌尖首先有一种浓郁的醇厚之味。朱元璋喝完便对身边的说："这杯茶是哪位官员沏泡的，给他连升三级。"跟随他的一位官员说："是汝宁府派来的厨师沏泡的。"意思是他不是什么官员，无法升官。朱元璋也听出了随行人员的意思。但这杯清香甘甜的茶水使他兴奋不已，再次传旨："他是厨师也要升三级官。"那位官员只好照办，一边嘟哝着发牢骚："十年寒窗苦，何如一盏茶。"朱元璋一听这位官员的牢骚，便对他说："你刚才像是吟诗，只吟了前半部分，我来给你续上后半部分：'他才不如你，你命不如他。'"

晚明饮茶的脱俗化

自明初废团茶而兴散茶之后，文人们在讲究品饮艺术的同时又开始追求饮茶的器具之美，从而使明代晚期的茶文化呈现出一些新的特点，即人们饮茶注重的是内在精神的高度和谐。

明代后期，世俗文学逐渐发展起来，许多文人开始从科举考试中脱离出来，将写作作为自己的谋生之道，过着散淡而悠闲地日子，为了消磨时光，文人们把精力用在饮茶上，对茶、水、具、环境的要求渐为精细，品茶成了人生志向的寄托。

对品茶方式的艺术追求

明代品茶方式的更新和发展，突出表现在对饮茶艺术性的追求。明代文人在饮茶中，极力追求饮茶过程中的自然美和环境美，并且成为一种共同的倾向，前一节我们在谈朱权对茶文化的贡献时已经提到了这一点。

在很多明代的茶著以及诗文中，体现了明人饮茶对自然环境的追求。明代文人作品里有关自然环境的描写，出现最频繁的是石、松、竹、烟、泉、云、风、鹤等仙境之物，没有丝毫世俗气，偶尔提到采茶的农民，但也是从欣赏田园风景的角度来描绘，很少谈到百姓的生活。

这种现象并不是明代才出现的，在唐以前的诗文里就已经可以看到，只是在明后

◆ 《煮茶图》明 丁云鹏

◆ 《煮茶图》民国 张大千

的艺术。

到了晚明时期，社会矛盾复杂，文人们脱离现实，走上了独善其身的道路。再加上当时王阳明的"心学"流行，这些思想反映在茶艺上，就是对茶、水、器的唯美追求，而紫砂壶恰好满足了人们的审美需求，从而更为流行。此外，明代的文人们认为，"茶壶，窑器为上，以小为贵，壶小则不涣香，味不耽搁"。因为这样的茶壶满足了饮茶者的情趣和内心追求。此时的茶与茶具在一定程度上已经摆脱了物质属性，更多的彰显一种境界。

期这种追求有病态发展的趋向，而且几乎把现实世界完全排除在茶文化之外，将茶文化中的世俗性淡化了。许多文人甚至是为环境而环境，为清寂而清寂，达到了不食人间烟火的地步，这与陆羽《茶经》中所提倡的用世精神相悖。

对茶具美学意境的追求

在明代，由于冲泡散茶成为人们的主要饮用方式，因此唐宋时期的茶具开始淡出人们的视野。茶壶得到更为广泛的应用，最为突出的是紫砂茶壶的出现，因其材质和风格正好迎合了当时社会所追求的闲雅、自然、质朴、端庄、平淡之风。所以，在文人的推崇下，以及一大批制壶名家如李仲芳、时大彬的技术支持下，紫砂茶具逐渐形成了不同的流派，并最终形成了一门独立

延伸阅读

松萝茶的传说

相传明朝时期，安徽省休宁县松萝山的让福寺门口摆有两口大水缸，引起了一位文士的注意。水缸因年代久远，里面长满绿萍。文士对老方丈说，那两口水缸是个宝，要出三百两黄金购买，商定三日后来取。文士一走，老和尚怕水缸被偷，立即派人把水缸的绿萍水倒出，洗净搬到庙内。三日后文士来了，见水缸被洗净，便说宝气已净，没有用了。老和尚极为懊悔，但为时已晚。文士走出庙门又转了回来，说宝气还在庙前，那倒绿水的地方便是，若种上茶树，定能长出神奇的茶叶来。将来用茶树产的茶叶泡茶，三盏能解千杯醉。老和尚照此指点种上茶树，果如文士所料，便起名"松萝茶"。二百年后，至明神宗时，休宁一带流行伤寒痢疾，人们纷纷来让福寺烧香拜佛，祈求菩萨保佑。僧人便给来者每人一包松萝茶，服后疗效显著，遏制了瘟疫流行。从此松萝茶成了灵丹妙药，名声大噪，蜚声天下。

清代的茶文化

清代，中国茶文化开始从文人文化向平民文化转变，并最终成为茶文化的主流。除了规模宏大的宫廷茶宴，茶馆也如雨后春笋般出现，成为社会各阶层的活动舞台。

清代，既是传统茶文化的终结，也是现代茶文化的开始。从文人文化来讲，清代还沿袭着明代的茶文化的路径，基本上没有太大变化。但从目前流传下来的茶书或诗文看，不但数量少，而且没有多少创新之处，多是前代成果的总结和补充，基本没有超出前代茶文化的研究范围。但是宫廷茶宴却有较大的发展，为历代之最。

恢弘的清代宫廷茶宴

在我国的茶文化史上，真正的茶宴开始于唐朝。但是，宫廷茶宴最为繁盛的还是清代。清代的茶宴规模远超唐宋。据史料记载，在乾隆时期，仅重华宫举办的"三清茶宴"就有43次之多。

"三清茶宴"为乾隆所创，后固定在重华宫举办，所以也称为重华宫茶宴。"三清茶宴"于每年的正月初二至初十间择时举办，参加者多为文臣，如大学士、九卿及内廷翰林。每次举行之前，都要选择一件朝廷的时事作为主题，然后群臣在茶宴上联句

◆ 乾隆时期宫廷茶具

◆ 清代景泰蓝茶壶

吟颂。宴会所用的"三清茶"由乾隆皇帝亲自调制，采用梅花、佛手、松石入茶，并以雪水烹之而成。在这里，茶象征着浩荡的皇恩和无限的荣耀。

此外，在康熙和乾隆年间，宫廷中还举办过4次规模庞大的"千叟宴"，参加宴会的人数最多的时候达到3000多人，真可谓"亘古未有之盛举"。每次"千叟宴"的程序都是先饮茶，然后饮酒，再饮茶。凡赏茶者，都是职位较高的王公大臣。

茶在宫廷大宴中占有重要的地位，在宫廷礼仪中也扮演着重要的角色。但宫廷茶宴一反民间饮茶的朴实，其奢侈华贵的排场与茶道"清"、"俭"、"和"、"寂"背离。由此可见，宫廷茶宴虽精致、富贵，但文化上是肤浅的，其本质只是一种明伦理、敦教化、稳臣民的手段，其严格的等级关系也违背茶道的基本精神，即使是十分风雅的皇帝，在等级森严的大内皇宫也很难领会到茶文化的真谛。但宫廷饮茶的时间长、影响大，又有特定的茶俗茶礼，所以尽管其肤浅，仍是茶文化的重要组成部分。

茶馆的鼎盛时期

中国的茶文化在清代发生了很大的变化，开始从文人文化向平民文化转变，茶开始与普通百姓的日常生活结合起来，成为民间俗礼的一部分。茶在民间普及的一个重要表现就是茶馆的兴起。"茶馆"一词，最早见于明代的史料。明末张岱《陶庵梦忆》中有"崇祯癸酉，有好事者开茶馆"的记载，而后茶馆成为通称。在明代末期，北京曾出现过只有一桌几凳的简易露天茶摊。

茶馆的真正鼎盛时期是在清朝。清代的茶馆不仅数量多，而且种类繁多，功能齐全。据有关的资料记载，康熙、雍正、乾隆时期仅杭州就有大小茶馆八百多家。吴敬梓的《儒林外史》中也有这样的记载："庙门口都摆的是茶桌子，这一条街，单是卖茶就有三十多处，十分热闹。"由此可见当时茶馆的繁盛。

延伸阅读

嗜茶如命的乾隆皇帝

民间流传着很多乾隆与茶的故事，涉及到种茶、饮茶、取水、茶名、茶诗等等。相传，乾隆皇帝南巡杭州，在龙井狮子峰胡公庙前饮龙井香清味醇，遂封庙前十八棵茶树为"御茶"，并派专人看管，年年进贡，当然茶客就是他本人，"御茶"至今遗址尚存。乾隆十六年（1752年），他初次南巡到杭州，在天竺观看了茶叶采制的过程，颇有感受，写了《观采茶作歌》，其中有"地炉微火徐徐添，乾釜柔风旋旋炒。慢炒细焙有次第，辛苦功夫殊不少"的诗句。皇帝能够在观察中体知茶农的辛苦与制茶的不易，也算是难能可贵。乾隆晚年退位后仍嗜茶如命，在北海镜清斋内专设"焙茶坞"，悠闲品尝。他在世八十八年，为中国历代皇帝中之寿魁，喝茶也是他的养生之法。

第二讲
茶道概览——行止寄胸怀

茶道的发展历程

茶道是以修身养性为宗旨的饮茶艺术，中国古代茶道的含义较为广泛。它正式出现于我国的唐代中期，宋至明代则是我国茶道发展的鼎盛时期。

茶道源于中国修身养性、学习礼仪和进行交际的综合性文化，它具有一定的时代性和民族性，涉及艺术、道德、哲学、宗教以及文化的各个方面，借品茗倡导清和、俭约、廉洁、求真、求美的高雅精神。

唐代茶道

"茶道"一词首见于中唐，这也是中国茶道开始走向成熟的时代。唐代封演所著的《封氏闻见录》中提出的"茶道"概念主

◆ 唐代越窑茶盏

要是指陆羽倡导的饮茶之道，它包括鉴茶、选水、赏器、取火、炙茶、碾末、烧水、煎茶、品饮等一系列程序、礼法和规则。

陆羽茶道强调的是"精行俭德"的人文精神，注重烹瀹条件和方法，追求怡静舒适的雅趣。因此，陆羽也被称为中国茶道的鼻祖。

唐代文化昌盛，文人正是茶道的主要群体，许多文人都将茶作为修身的一种方式，并写出了传世的名作。皎然诗中的"茶道"是我国古代关于"茶道"的最早阐述："一饮涤昏寐，情来朗爽满天地。再饮清我神，忽如飞雨洒轻尘。三饮便得道，何须苦心破烦恼……孰知茶道全尔真，惟有丹丘得如此。"皎然认为，饮茶能清神、得道、全真，神仙丹丘子就深谙其中之道。

此外，唐代佛门的茶道也很兴盛，佛家茶道以"茶禅一味"为主要特征。最为典型的就是"径山茶宴"，一群和尚以"茶宴"的形式待客，僧徒围坐，边品茗边论佛，边议事边叙景，意畅心清，清静无为，别有一番情趣。

宋代茶道

宋代是中国茶道走向多样化的时期。当时文人茶道涵盖的范围较广，包括炙茶、碾茶、罗茶、候汤、温盏、点茶等过程，同

◆ 宋代定窑茶盏

时借茶励志，颇有淡泊清尚的风气。许多文人笔下都有对饮茶之道的细腻描述，如黄庭坚《阮郎归》一词中的"消滞思，解尘烦，金瓯雪浪翻。只愁啜罢水流天，余清搅夜眼"，十分精细地表现了饮茶后怡情悦志的感受。陆游《北岩采新茶》：细啜襟灵爽，微吟齿颊香，归时更清绝，竹影踏斜阳。把饮新茶的口感和心理感受表现得淋漓尽致。

当时的宫廷茶道非常奢侈，宋徽宗赵佶在《大观茶论》中对宫廷茶道的主要特征和精神追求做了经典的阐述，他说茶"祛襟涤滞，致清导和"，"冲淡简洁，韵高致静"，"天下之士厉志清白，竞为闲暇修索

之玩"。由此可见，宫廷茶道讲究茶叶精美、茶艺精湛、礼仪繁缛、等级鲜明，它以教化民风为目的，致清导和为宗旨。

明代茶道

明代的茶道中融入了中国古代的自然哲学思想。冯可宾在《芥茶笺》一书中讲"茶宜"的十三个条件："无事、佳客、幽坐、吟咏、挥翰、徜徉、睡起、宿醒、清供、精舍、会心、赏鉴、文僮"。"茶忌"七条："不如法、恶具、主客不韵、冠裳苛礼、荤肴杂陈、忙冗、壁间案头多恶趣"，这反映了中国茶道深层次的精神追求。中国古代茶人也主张"天人合一"，使生命行动和自然妙理一致，使生命的节律与自然的运作合拍，使人融入到自然之中。

◆ 宋代注茶茶具

第二讲　茶道概览——行止寄胸怀

茶道的基本精神

    "道"在汉语中有很多意思，所以对"茶道"的理解也见仁见智、各执一端。林治在《中国茶道》中提出的"和、静、怡、真"，较为全面地概括了茶道的基本精神。

中国虽然自古就有茶道，但是茶道并没有明确的内涵和外延，这给人们留下了较大的发挥余地，各层次的人可以从不同角度根据自己的情况和爱好选择不同的茶道形式和思想内容。所以关于茶道的基本精神也没有明确的归纳标准，林治《中国茶道》把"和、静、怡、真"作为中国茶道的四谛，很有代表性，也具有鲜明的时代特点。

和

儒家从"太和"的哲学理念中推衍出"中庸之道"的思想。其对"和"的诠释在茶事活动的全过程中表现得淋漓尽致。如在泡茶时表现为"酸甜苦涩调太和，掌握迟速量适中"的中庸之美；在待客时表现为"春茶为礼尊长者，备茶浓意表浓情"的明伦之礼；在饮茶的过程中表现为"饮罢佳茗方知深，赞叹此乃草中英"的谦和之仪等。

佛家提倡人们修习"中道妙理"。在茶道中，佛教的"和"最突出的表现是"茶禅一味"，这实际上是外来的佛教与中国本土文化的"和会"。

◆ 《松溪品茗图》明 陈洪绶

茶文化

中华文化公开课

茶文化十二讲

30

静

道家的清静思想对中国传统文化和民族心理的影响极其深远，中国茶道正是通过茶事创造一种宁静的氛围和一个空灵虚静的心境，在虚静中与大自然融涵玄会，达到天人合一的境界。儒家、佛家把"静"视为归根复命之学。

此外，艺术的创作和欣赏也离不开静。苏东坡"欲令诗语妙，无厌空且静，静故了群动，空故纳万境"这首充满哲理的诗，合于诗道，也合于茶道。古往今来，无论是道士高僧还是文人，都把"静"作为茶道修习的必经之道，可谓殊途同归。

怡

在中国茶道中，"怡"是人们从事茶事过程中的身心享受。中国茶道是雅俗共赏之道，它体现于日常生活中的随意性。不同地位、不同信仰、不同文化层次的人对茶道有不同的追求。历史上王公贵族讲茶道，重在"茶之珍"，意在炫耀权势，夸示富贵，附庸风雅；文人学士讲茶道重在"茶之韵"，意在托物寄怀，激扬文思；佛家讲茶道重在"茶之德"，意在驱困提神，参禅悟道，见性成佛；道家讲茶道重在"茶之功"，意在品茗养生，保生尽年，羽化成仙；普通老百姓讲茶道重在"茶之味"，意在去腥除腻，涤烦解渴，享乐人生。

真

"真"是中国茶道的终极追求。真，原是道家的哲学范畴。在老庄哲学中，真与"天"、"自然"等概念相近，真即本性、本质，所以道家追求"返璞归真"。中国茶

◆ 《事茗图》明 唐寅

道在从事茶事时所讲究的"真"，不仅包括茶应是真茶、真香、真味；环境最好是真山真水；挂的字画最好是真迹真品；用的器具最好是真竹、真木、真陶、真瓷。另外，还包含了待人要真心，敬客要真情，说话要真诚，心境要真闲。总之，茶事活动的每一步都要认真，每一个环节都要求真。

延伸阅读

中国现代茶德

茶文化学家庄晚芳教授1990年明确主张"发扬茶德，妥用茶艺，为茶人修养之道"。他提出中国茶德应是"廉、美、和、敬"，并解释为：廉俭育德，美真康乐，和诚处世，敬爱为人。

廉——推行清廉，勤俭育德。以茶敬客，以茶代酒，减少"洋饮"，节约外汇。

美——名品为主，共尝美味，共闻清香，共叙友情，康乐长寿。

和——德重茶礼，和诚相处，搞好人际关系。

敬——敬人爱民，助人为乐，器净水甘。

茶的本性符合中华民族平凡实在、和诚相处、重情好客、勤俭育德、尊老爱幼的民族精神。所以，继承与发扬茶文化传统，弘扬中华茶德，对促进我国的精神文明建设是有益的。

茶道的发展与佛教

在中国茶道的发展过程中，佛教起了很大作用。佛门的饮茶、种茶、制茶不但推动了饮茶的普及，同时也奠定了茶道的基础，佛门茶礼更是丰富了茶道的内涵。

佛教对我国茶道的形成和传播起了重要作用。佛门中的僧人是中国较早的饮茶群体，魏晋以前，茶就已经成为佛门弟子修行时的饮品，甚至在江淮以南的一些寺庙中，饮茶已经成为一种传统。陆羽的《茶经》中就有两晋和南朝时僧人饮茶的记录。

佛教推动了茶道的传播

唐代开元年间，禅宗在各大寺院得到认可。禅宗讲究坐禅，且要注意五调，即调心、调身、调食、调息、调睡眠。由于茶的特殊属性，成为五调的必备之品。随着禅宗对茶的巨大需求，许多寺庙出现了种茶、制茶、饮茶的风尚，这在当时的诗文中也有所反映。如刘禹锡《西山兰若试茶歌》："山僧后檐茶数丛，春来映竹抽新茸。宛然为客振衣起，自傍芳丛摘鹰嘴。"吕岩的《大云寺茶诗》中的"玉蕊一枪称绝品，僧家造法极功夫"，更是盛赞了僧人的制茶工艺。

中国寺庙是茶叶采制、生产和宣传茶道文化的中心。"茶圣"陆羽最初就是从寺庙中结识茶，并对茶道产生兴趣的。此外，中国茶道的奠基人之一皎然所创作的大量茶诗，也对茶道发展与传播起到了很大作用。

在佛教鼎盛时期，僧人研究、改进茶

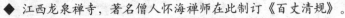

◆ 江西龙泉禅寺，著名僧人怀海禅师在此制订《百丈清规》。

◆ 寺僧所制的茶

叶的制作工艺，出现了名寺名茶现象。僧人对茶各项技术的改良从客观上推动了茶叶生产的发展，为茶道提供了物质基础。许多贡茶也产自寺院，比如著名的贡茶顾渚紫笋，最先产自吉祥寺；曾为乾隆皇帝钟爱的君山银针，产自君山的白鹤寺；湖北远安县的鹿苑茶，产于鹿苑寺等等。

茶道的表现形式——佛门茶礼

佛门茶事兴盛以后，茶寮、茶堂、茶鼓、茶头、施茶僧、茶宴、茶礼等各种名词随之出现。还形成了适应禅僧集体生活的寺院茶礼，并作为佛教茶道的一部分融入寺院生活之中。

禅宗建立的一系列茶礼、茶宴等茶道形式，具有很高的审美趣味，而高僧们写茶诗、吟茶词、作茶画，或与文人唱和茶事，也推动了中华茶道的发展。同时，中华茶道中的禅宗茶道对外影响巨大，传入了日本、韩国等一些亚洲国家。

在佛教寺院中，茶道礼仪也是联络僧侣的重要方式。特别是寺院"大请职"期间举行的"鸣鼓讲茶礼"（住持请寺院的新首座饮茶时的一系列礼仪形式）。一般事先由住持侍者写好茶状，其形式如同请柬。新首座接到茶状，应先拜请住持，后由住持亲自送其入座，并为之执盏点茶。新首座也要写茶状派人交与茶头，张贴在僧堂之前，然后挂起点茶牌，待僧众云集法堂，新首座亲自为僧众一一执盏点茶。在寺院"大请职"期间，通过一道道茶状，一次次茶会，使寺院生活更加和谐。此外，有的寺庙在佛的圣诞日，以茶汤沐浴佛身，称为"洗佛茶"，供香客取饮，祈求消灾延年。

江西奉新百丈山的怀海禅师制定的《百丈清规》，更是对佛门的各种礼仪作了详细的规定，也对佛门的茶事活动进行了严格的限制。其中有应酬茶、佛事茶、议事茶等等，都有一定的规范与制度。比如圣节、佛降诞日、佛成道日、达摩圆寂日等均要烧香行礼供茶。再如议事茶，禅门议事也多采用茶会的形式来召集众僧。

《百丈清规》是中国第一部佛门茶事文书，它以法典的形式规范了佛门茶事、茶礼及其制度，从而使茶与禅门结缘更深。

知识小百科

唐代寺院茶堂

唐代的寺院中饮茶成为一种风尚。各大寺院纷纷建立茶堂，并设立知茶事一职专管茶事。茶堂是众僧人讨论佛理，招待施主宾客饮茶品茗的地方。茶堂中设有"茶鼓"，用来召集众僧饮茶。僧人每日都要坐禅，坐至焚完一炷香开始饮茶。此外，还设置了"茶头"，专门烧水煮茶，献茶待客。这大概就是最早的集体饮茶形式。茶堂中以茶供养三宝（佛、法、僧），招待香客，逐渐形成了严格的礼仪和固定的茗饮流程。茶与禅日益相融，最终凝铸成了"茶禅一味"的禅林法语。

道家"天人合一"的茶道思想

道家的学说为中国茶道注入了"天人合一"的哲学思想，树立了茶道的灵魂。因此，茶道也体现了人类对大自然的向往和渴望，以及对"真"的崇尚和追求。

中国道家主张"天人合一"，其中"天"代表了大自然以及自然规律。道家认为"道"出于"自然"，即"道法自然"，不能把人和自然割裂，物与精神、自然与人是互相包容的整体。古人也常把大自然中的山水景物当作抒怀的载体。这也反映了古人对自然的认知，以及对自然之美的追求。

天人合一思想

在道家"天人合一"哲学思想的影响下，中国历代著名茶人都强调人与自然的统一，传统的茶文化正是自然主义与人文主义高度结合的文化形态，因为茶性的清纯、淡雅、质朴与人性的静、清、虚、淡"性之所近"，并在茶道中得到高度统一。茶的品格蕴含着道家淡泊、宁静、返璞归真的思想。此外，道家在发现茶的药用价值时，也注意到茶的平和特性，具有"致和"、"导和"的功能，可作为追求天人合一思想的载体，于是道家之"道"与饮茶之"道"和谐地融合在一起，共同丰富了中国茶道的内涵。

茶道对自然的追求

茶道中的"天人合一"思想，最直接地体现在人对自然的融与法。《老子》说："人法地，地法天，天法道，道法自然。"道家认为道是普遍存在的自然规律，这种观念也渗透到茶道中。朱权在《茶谱》说："然天地生

◆《文会图》五代　丘文播

物，各遂其性，莫若叶茶，烹而啜之，以遂其自然之性也。"马钰《长思仙·茶》中也体现出淡泊无为的思想与"自然"主义，讲究在大自然中品茗，并在其中寻求自然的回归，这也是道家天人合一、返璞归真的思想反映。此外，在茶事中，茶人主张用本地之水煎饮本地之茶，讲究茶与水的自然和谐。品茶时，茶人还强调"独啜曰神"，追求天人合一，物我两忘。

茶人的内心世界里充满了对大自然的热爱，有着回归自然、亲近自然的强烈渴望，而文人更钟情于在大自然中品茶，置身于幽谷深林，煮泉品茗，观云听籁，达到天人合一的境界。如宋代苏轼喜欢烹茶，把茶事当作自我解脱的精神之物，他的《汲江煎茶》诗将茶道中物我和谐、天人合一的精神描绘得淋漓尽致。明代徐渭在《徐文长秘集》中指出：品茶适宜在精舍、云林、寒宵兀坐、松月下、花鸟间、清流白云、绿藓苍苔、素手汲泉、红妆扫雪、船头吹火、竹里飘烟等环境下进行。这些都充分体现了茶人对自然的追求，将人与自然融为一体，通过饮茶去感悟茶道、天道、人道。

道家主张静修，而茶是清灵之物，通过饮茶能够提高静修，所以茶是道家修行时的必需之物。道家把"静"看成是人与生俱来的本质特征。静虚则明，明则通。"无欲故静"，人无欲，则心虚自明，因此道家讲究去杂念而得内在之精微。《老子》云："致虚极，守静笃，万物并作，吾以观其复。夫物芸芸，各复归其根。归根曰静，静曰复命"。《庄子》说："水静则明，而况

精神。圣人之心，静乎，天地之鉴也，万物之镜也"。老庄都认为致虚、守静达到极点，可以观察到世间万物成长之后，各自归其根底。

赖功欧《茶哲睿智》认为，在品饮过程中，"人们一旦发现它的'性之所近'——近于人性中静、清、虚、淡的一面时，也就决定了茶的自然本性与人文精神的结合，成为一种实然形态。"所以道家对中国品饮的艺术境界影响尤为深刻。"茶人需要的正是这种虚静醇和的境界，因为艺术的鉴赏不能杂以利欲之念，一切都要极其自然而真挚。因而必须先行'入静'，洁净身心，纯而不杂，如此才能与天地万物合一，品出茶的滋味，品出茶的精神，达到形神相融。"

延伸阅读

诗人吕温的自然之饮

唐代诗人吕温非常喜欢在大自然之中品茗。他在《三月三日茶宴序》中就描述了品饮时清幽、雅致的环境：红花、绿草、蓝天、白云、莺啼、鸟啭，杯中的茶水呈现出琥珀般色泽，在这样的环境品茗，实在是令人陶醉！当他置身于幽谷深林的自然之中，品泉煮茗，观云听籁，既寄情于山水，又冥合万物，可谓深得幽雅之妙。从更纯粹的意义而言，这体现了人类内心深处返归自然，与自然造化同流的一种憧憬。人们在幽雅环境中的品饮过程，就是与恬静的大自然交流的过程，从中我们可以获得一种超越的舒畅和轻柔体贴的慰藉。

茶道中的"中和"思想

> "中和"是中国茶道精神的核心内容，它意味着万物的有机统一与和谐，并由此产生了茶道的和谐之美，最能突出中国茶道的独特风格。

中庸是儒家思想的核心内容，也是儒家处理一切事情的原则和标准。"和"就是恰到好处，可用于自然、社会、人生等各个方面。"和"尤其注重人际关系的和睦、和谐与和美。饮茶能令人头脑清醒，心境平和。因此，茶道精神与儒家提倡的中和之道相契合，茶成为儒家用来改造社会、教化社会的良药。中和也成为儒家茶人孜孜追求的美学境界和至上哲理。

儒家的中和思想

中庸是儒家最高的道德标准。中和是儒家中庸思想的核心部分。"和"是指不同事物或对立事物的和谐统一，它涉及世间万物，也涉及生活实践的各个领域，内涵极为丰富。中和从大的方面看是使整个宇宙包括自然、社会和人达到和谐；从小的方面看是待人接物不偏不倚，处理问题恰到好处。正如儒家经典《中庸》中所讲的：不偏之谓中；不易之谓庸。中者，天下之正道。庸者，天下之定理。

儒家的中和思想同样反映在茶道精神中。儒家不但将"和"的思想贯彻在道德境界中，而且也贯彻到艺术境界中，并且将两者统一起来。但是儒家总是将道德摆在第一位，必须保持高洁的情操，才能在茶事活动中体现出高逸的中和美学境界。因此无论是煮茶过程、茶具的使用，还是品饮过程、茶事礼仪的动作要领，都要求不失儒家端庄典雅的中和风韵。

《茶经》中的中和之道

东方人多以儒家中庸思想为指导，清醒、理智、平和、互相沟通、相互理解；在解决人与自然的冲突时则强调"天人合一"、"五行协调"。儒家这些思想在中国

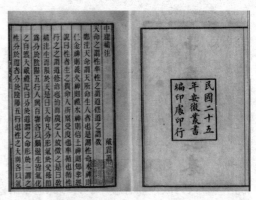

◆ 《中庸》（民国刻本），提倡中和之道的中国古代典籍。

茶俗中有充分体现。历史上，中国的茶馆有一个重要功能，就是调解纠纷。人与人之间

茶文化十二讲

中华文化公开课

◆ 《茶经》（清代刻本）

绘"坎"卦卦形；另一格书"彪"（风兽），绘"巽"卦的卦形。意为风能兴火，火能煮水，水能煮茶，并在炉足上写"坎上巽下离于中，体均五行去百疾"。中国茶道在这里把儒家思想体现得淋漓尽至。

此外，儒学认为 "体用不二"，"体不高于用"，"道即在伦常日用、工商稼耕之中"，在自然界生生不息的运动之中，人有艰辛、也有快乐，一切顺其自然，诚心诚意对待生活，不必超越时空去追求灵魂不朽，"反身而诚，乐莫大焉"。这就是说，合于天性，合于自然，穷神达化，便可在日常生活中得到快乐，达到人生极至。中国茶文化中清新、自然、达观、热情、包容的精神，即是儒家思想最鲜明、充分、客观而实际的表达。

产生分歧，在法律制度不健全的封建时代，往往通过当地有威望族长、士绅及德高望重文化人进行调解。调解的地点就在茶楼之中。有趣的是，通过各自陈述、争辩、最后输理者付茶钱，如果不分输赢，则各付一半茶钱。这种"吃茶评理"之俗延续很久，至今在四川一带犹有余俗。

《周易》认为，水火背离什么事情都办不成，水火交融才是成功的条件。茶圣陆羽根据这个理论创制的风炉就运用了《易经》中三个卦象：坎、离、巽来说明煮茶中包含的自然和谐的原理。"坎"代表水，"巽"代表风，"离"代表火。在风炉三足间设三空，于炉内设三格，一格书"翟"（火鸟），绘"离"的卦形；一格书"鱼"（水虫），

茶人心中的"中和"

很多历史上的著名茶人都精于"中和之道"。宋徽宗《大观茶论》中讲到茶"擅瓯闽之秀气，钟山川之灵禀"，故可以"祛襟涤滞，致清导和"，"冲淡简洁，韵高致静"。也正是由于茶叶具有这些中和、恬淡、精清、高雅的品性，因此深得茶人的欣赏。朱熹则以理学入茶道，说建茶如"中庸之为德"，江茶如"伯夷叔齐"。朱熹在《朱子语类·杂说》中讲到："先生因吃茶罢，曰：'物之甘者，吃过必酸，苦者吃过却甘。茶本苦物，吃过却甘。'问：'此理何如？'曰：'也是一个道理，如始于忧勤，终于逸乐，理而尚后和。盖理天下至严，行之各得其分，则至和。'"这里以茶喻理，巧妙地将中和的哲学理念与政治、伦理制度结合起来。

儒家人格和茶道精神

茶道中寄寓着儒家对理想人格的追求，他们将茶视为正义、质朴、圣洁的象征，并借茶来表达自己对君子之道的敬仰和高尚人格的追求。

儒家茶人在饮茶时，将具有灵性的茶叶与人的道德修养联系起来，因为茶"性洁不可污，为饮涤尘烦。此物信灵味，本自出山原"，品茶活动也能够促进人格的完善，因此沏茶品茗的整个过程，就是陶冶心志、修炼品性和完善人格的过程。

修己成仁的人格思想

儒家的人格思想来源于孔子的"仁"，"仁"的特性就是强调对个体人格完善的追求。孔子所树立的理想人格是"志士仁人，无求生以害仁，有杀身以成仁。""三军可夺帅也，匹夫不可夺志也。"这种理想人格经孟子得以极大的发扬，孟子说："富贵不能淫，贫贱不能移，威武不能屈，此之谓大丈夫。""生，亦我所欲也；义，亦我所欲也。二者不可得兼，舍身而取义者也"。因为在儒家看来只有完善的人格才能实现中庸之道，良好的修养才能实现社会和谐。

儒家注重人格思想，追求人格完善，茶的中和特性也为儒家文人所注意，并将其与儒家的人格思想联系起来。因为茶道之中寄寓着儒家追求廉俭、高雅、淡洁的君子人格。正如北宋晁补之的《次韵苏翰林五日扬州古塔寺烹茶》："中和似此茗，受水不易节。"借以赞美苏轼的品格和气节，即使身处恶劣的环境之中，也能洁身自好。

茶道中的"君子"性

儒家的人格思想也是中华茶道的思想基础。茶是文明的饮料，是"饮中君子"，能表现人的精神气度和文化修养，以及清高廉洁与节俭朴素的思想品格。这是由茶本性决定的，喝茶对人有百利而无一弊，茶自古

◆ 宋代哥窑茶碗

就有君子之誉。同时，由于人们对君子之风的崇尚，使得茶的"君子性"在文人雅士的品饮活动有了更为深刻的内涵。文人雅士在

细细品啜、徐徐体察之余，在美妙的色、香、味的品赏之中，移情于物，托物寄情，从而受到陶冶，灵魂得到了净化。

关于茶的君子性，很多茶人都有论述。茶圣陆羽在《茶经》中说，茶"宜精行俭德之人"，以茶示俭、示廉，倡导茶人的理想人格。宋代理学兴盛，倡导存天理，灭人欲，茶人多受其思想熏陶。苏轼在《叶嘉传》中赞美茶叶"风味恬淡，清白可爱"。 周履靖的《茶德颂》盛赞茶有馨香之德，可令人"一吸怀畅，再吸思陶。心烦顷舒，神昏顿醒，喉能清爽而发高声。秘传煎烹，瀹啜真形。始悟玉川之妙法，追鲁望之幽情"。司马光把茶与墨相比，"茶欲白，墨欲黑；茶欲新，墨欲陈；茶欲重，墨欲轻，如君子小人之不同"。由此可见，宋代文人对茶性与人性的理解。

品茶修身的古代茶人

历史上很多文人都与茶结下不解之缘，他们的茶事活动有深刻的文化情结，其中以怡养性，塑造人格精神是其第一要务。"茶圣"陆羽将品茶作为人格修炼的手段，一生中不断地实践和修炼"精行俭德"的理想人格。陆羽的《六羡歌》吟咏："不羡黄金罍，不羡白玉杯，不羡朝人省，不羡暮人台，千羡万羡西江水，曾向竟陵城下来。"充分表现了陆羽对高尚人格的追求。苏轼也

◆ 云雾氤氲的茶山

曾为茶立传，留下了不少有关茶的诗文。裴汶、司马光等也都在品饮之中，将茶视为刚正、淳朴、高洁的象征，借茶表达高尚的人格理想。由此可见，众多文人雅士均赋予茶节俭、淡泊、朴素、廉洁的品德，并以此来寄托人格理想。

延伸阅读

苏东坡茶词《西江月》

龙焙今年绝品，谷帘自古珍泉。
雪芽双井散神仙，
苗裔来从北苑。

汤发雪腴酽白，盏浮花乳轻圆。
人间谁敢更争妍。
斗取红窗粉面。

儒家"乐生观"和茶道

儒家提倡积极入世的人生观，这种乐观主义精神也渗透到中国的茶道之中，使得茶道具有了"乐感"的文化特征，同时也具备抚慰心灵的作用。

相传，孔子的弟子有三千之众，其中有当官的，有做生意的，而孔子最得意的大弟子颜回却是最穷的一个，颜回的快乐是与贫穷联在一起的。他生活在陋巷中，箪食瓢饮以度日，但却能在恶劣的环境中"不改其乐"。孔子也说过："饭疏食，饮水，曲肱而枕之，乐亦在其中矣。"吃粗劣的饭菜，喝生水，枕着自己的胳膊而入睡，但贫穷也不能改变他们的快乐。这其中的快乐，不是与物质环境挂钩的乐，而是与精神因素相关的乐。可见，儒家的人生观是积极乐观的。在这种人生观的影响下，中国人总是充满信

◆ 宋代茶碗

心地展望未来，也更加积极地重视现实人生，他们往往能从日常生活中找到乐趣。

充满"乐感"的茶道

中国茶道产生之初便深受儒家思想的影响，因此也蕴涵着儒家积极入世的乐观主义精神。儒家的乐感文化与茶事结合，使茶道成为一门雅俗共赏的艺术。饮茶的乐感不仅体现在味觉上的满足，更体现在观赏中的审美情趣。

古代以茶为乐的人很多，唐代李约就以亲自煎茶、煮茶为乐，每日都是手持茶器，毫无倦意。有一次，他出使陕州，走到硖石县，发现一处清泉，水质上好，便整日蹲守此地，煮饮了十多天才离开。《茶录》作者蔡襄更是一位典型的乐茶者，他嗜茶如命，一刻也离不开茶，他与茶已达到一种高度融合的境界。到了晚年，他因病不能饮茶，但是，为了追求品饮乐趣，他照常每天煮茶，烹而玩之。苏东坡在《寄周安孺茶》一诗中，将茶喻为天公所造的灵品，其末尾几句写出自己嗜茶的感受："意爽飘欲仙，头轻快如沐。昔人固多癖，我癖良可赎，为问刘伯伦，胡然枕糟曲？"鲍君徽的《东亭茶宴》也反映了典型的儒家乐感文化，以山水之乐、弦管之乐烘托饮茶之乐。黄庭坚的

◆ 宋代黑金釉茶壶

一首《品令》更是淋漓尽致地表达了品饮之乐，把茶比做旧日好友万里归来，灯下对坐，悄然无言，心心相印，欢快之至。将品茗时只可意会不可言传的特殊感受化为鲜明可见的视觉形象，出神入化地表达了品饮时的快感。

"抚慰心灵"的茶道

儒家知识分子在失意时，也将茶作为安慰人生、平衡心灵的重要手段。他们往往从品茶的境界中寻得心灵的安慰和人生的满足。白居易经历过宦海沉浮后，在《琴茶》诗中云："兀兀寄形群动内，陶陶任性一生间。自抛官后春多醉，不读书来老更闲。琴里知闻唯渌水，茶中故旧是蒙山。穷通行止长相伴，谁道吾今无往还。"琴与茶是白居易终身相伴的良友，以茶道品悟人生，乐天安命。韦应物也认为茶"为饮涤尘烦"，即饮茶可以消除人间的烦恼。

台湾的周渝先生说得好："有的人心里很烦，你要他去面壁，去思考，那更烦，更可怕。如果你专心把茶泡好，你自然进去

了，就静了……我们在享受一壶茶，我们在享受代表天地宇宙的茶，同时，我们又与我们的好朋友在一起享受，多么快乐啊！"著名的茶学家庄晚芳先生在其所撰的文章中，也多次地提到茶文化中所体现的积极、乐观的人生观。

古人品饮，还讲求环境的幽雅，主张饮茶可以伴明月、花香、琴韵、自然山水，以求得怡然雅兴。而民间的茶坊、茶楼、茶馆中更洋溢着一种欢乐、祥和的气氛。所有这些都使得中国茶道呈现出欢快、积极、乐观的色调。

延伸阅读

孔子的"乐生观"

儒家的创始人孔子，总是充满信心地展望未来，也更加积极地实现人生，而且往往能从日常生活中找到乐趣。孔子曾说过："学而时习之，不亦悦乎？"他将充满艰辛的学习过程看作一种趣事。孔子还说过"饭疏食，饮水，曲肱而枕之，乐亦在其中矣。"因为在孔子看来，这中间就有乐趣，也就是乐在苦中，苦中有乐，苦亦犹乐。还有一次，孔子的弟子子路去见叶公，叶公便问："孔子为人如何？"子路告诉孔子，孔子说："女奚不曰，其为人也，发愤忘食，乐以忘忧，不知老之将至云尔。"此时孔子已老，但他仍发愤学习，探索人生大道，从中获得无比的喜悦。这其中的快乐，就是与精神因素相关的乐。

第二讲 茶道概览——行止寄胸怀

41

第三讲

茶叶分类——尘寰有神品

种类繁多的茶叶

自从人类发现并利用茶叶以来，经过广大茶人的艰苦努力，已经创造出成千上万的茶叶种类。虽然前人对茶叶的分类做了很多有益的工作，但是到目前为止，还没有一种为国内外普遍接受的茶叶分类方法。

中国制茶历史悠久，创造出的茶叶种类很多。茶叶发展到今天，已经成为人类生活的必需品。人们通过日常的买茶、饮茶、品茶等活动，约定俗成地把茶叶分成绿茶、红茶、乌龙茶、花茶、紧压茶等。

绿茶

绿茶是中国制茶史上出现最早的茶类，发展到今天，它仍是中国产销量最大、消费人口最多的茶类。中国的名茶一般都出自绿茶。

◆ 采集好的茶青

绿茶加工的基本工序为摘采鲜叶，然后经过高温杀青，再揉捻成各种茶型，最后进行干燥处理。其中最关键的工序是杀青，鲜叶经杀青，破坏了茶叶内源酶活性，从而减少了茶多酚的氧化和叶绿素的破坏。因此，绿茶具有绿色绿汤、滋味浓厚、香高味爽的特点。同时，从营养保健的角度讲，绿茶中的茶多酚和维生素C的含量较高，是最佳的茶类饮品之一。

绿茶的分类方法很多。按外形不同，绿茶可分为多种。扁平挺直、其形似剑的称扁炒青，如西湖龙井、旗枪、大方等。外形修长如眉，叫长炒青，如珍眉、秀眉等。其形如珠，称为圆炒青，如平水珠茶、全岗辉白等。按加工过程中的杀青方式不同，绿茶可分为炒青绿茶、烘青绿茶和蒸青绿茶。炒青有长炒青、扁炒青、圆炒青；烘青有条形茶、尖形茶、片形茶；蒸青有煎茶、玉露等。按加工过程中的干燥方法不同，绿茶又可分为炒干绿茶、烘干绿茶、晒干绿茶。

红茶

红茶为全发酵茶，其加工程序与绿茶大相径庭。制茶时要经过摘采鲜叶、萎凋、揉捻、发酵和干燥等工序，充分利用酶的催化作用，来促进茶多酚的氧化，其中氧化的一些聚合物都是红、黄、褐色的物质，这就形成了红茶红汤红叶的特点。

红茶根据外形的不同分为工夫红茶、小种红茶、红碎茶三种。工夫红茶条细而长，加工工序多，要精工细做，很费时间，所以叫"工夫红茶"。小种红茶有松香味，条形粗壮。红碎茶外形为细小颗粒碎片，香气持久、滋味鲜爽。

乌龙茶

乌龙茶属于青茶类，是我国特有的一种茶类。它的制法复杂而特殊，属半发酵茶，是将红茶与绿茶的制作方法组合起来形成的一种制茶方法。所以乌龙茶兼有红茶、绿茶的品质优点，每片乌龙茶叶面上分为三分绿茶、七分红茶，外红内绿真可谓是"绿叶镶红边"。因此，乌龙茶既有绿茶的清香，又有红茶的香醇。

乌龙茶最独特的品质是其具有天然的花果香。这种独特的品质不仅与其特殊的加工工艺有关，还与茶树品种有着密切的联系。如按茶树品种乌龙茶分为黄焱、色种、铁观音、黄金桂等许多品种。中国的乌龙茶主要产于福建、广东、台湾三省。如按产地不同分为闽北乌龙茶（武夷水仙），闽南乌龙茶（铁观音），广东乌龙茶（凤凰单枞），台湾乌龙茶（色种、高山茶）等。

花茶

花茶是中国特有的一种再加工茶，它自出现到今天，一直受到茶人们的喜爱。花茶是将干燥的茶叶与新鲜的香花按一定的比例拼合在一起窨制而成的一种茶，又可称为熏花茶、香花茶，在有些地区称之为香片。

制作花茶的茶坯可以是绿茶、红茶或是乌龙茶，应用最为广泛的是烘青绿茶。可用来窨制的鲜花也有很多，其中以茉莉花为主。通常花茶的名字也是以所用的鲜花命名的，如茉莉花茶、朱兰花茶、白兰花茶等等。

紧压茶

紧压茶是一种再加工茶，它是将各种成品的散茶用热蒸汽蒸软后放在模盒中，压塑成各种固定形状的茶，又称压制茶。它一般是以黑茶为原料，经过"后发酵"、筛切制坯、蒸压成形、慢火干燥等流程，形成紧压成块的固形茶。紧压茶多以形态命名。外形如砖的叫砖茶，如茯砖、青砖、康砖、黑砖等。

茶叶命名的学问

中国产茶的历史悠久,茶区分布广泛,品种资源丰富,再加上制茶方法的多种多样,相应的茶叶名称也五花八门,这使得茶叶的命名也成为一种学问。

清康熙年间,苏州一带的人们发现洞庭湖东碧螺峰石壁上有一种野茶,便将其采下带回饮用。有一年,因产量很大,竹筐装不下,大家把多余的放在怀里,不料茶叶沾了热气,透出阵阵异香,采茶姑娘都嚷着:"吓煞人香!"这"吓煞人香"是苏州方言,意思是香气异常浓郁。于是众人争传,"吓煞人香"便成了茶名。清康熙三十八年(1699年),康熙皇帝南巡到太湖,认为"吓煞人香"这个名字不雅,便赐名为"碧螺春",从此沿用至今。

纵观中国古今的茶名,通常都带有描写性的特征。人们在对茶叶命名时,都试图通过它传递出茶叶某方面的信息或特点,让人一见茶名,对茶便能知其一二。通过茶名反映最多的是有关茶叶的品质特征。有的反映茶的形状,如珍眉、珠茶、瓜片、松针、毛尖、雀舌、鹰嘴、旗枪、仙人掌等;有的反映茶叶颜色,如黄芽、辉白、白毛茶、天山清、水绿黄汤等;有的反映茶的香气与滋味,如十里香、兰花茶、水仙等;还有的茶名综合反映茶的形状、颜色等多种特点,如雪芽、银笋、银峰、玉针、白牡丹、碧螺春等。

以茶的产地命名

这是指结合茶叶产地的山川名胜来对茶叶进行命名,如西湖龙井、普陀佛茶、黄山毛峰、茅山青峰、神龙奇峰、庐山云雾、井冈翠绿、太湖翠竹、苍山雪绿、鹤林仙茗等。将风景名胜与茶叶联系在一起,可增加人们对茶的好感。

以茶的采制方式命名

为了突出茶叶采制方面的特点,有的用明前、雨前、火前、骑火茶、春蕊等茶名来反映茶叶的采摘时间,体现茶的嫩度与质量;也有的用炒青、蒸青、烘青、晒青、工夫等茶名来反映制茶工艺,以区别各种制法下茶叶的品质特点。

◆ 信阳毛尖

◆ 武夷茶园

对于制法、品质特征相似的同类茶，命名时常在茶类名前冠上产地名称或其简称以作区别。如炒青绿茶有婺绿、屯绿、杭绿、湘绿、川绿等；烘青绿茶有徽烘青、浙烘青、闽烘青等；红茶有祁红、宁红、宜红、川红、湖红、越红、苏红、滇红等。

特种茶的命名方式

对于各地特种名茶的命名，一般是前冠地名，后接专名。地名反映产地；专名反映茶的主要品质特色，而且文字讲究独特别致，以表现茶品的非凡。如敬亭绿雪、恩施玉露、蒙顶甘露、南京雨花茶、安化松针、信阳毛尖、高桥银峰等等。

在六大茶类中，乌龙茶常以品种或单枞来命名，并且为区别各地产品，常在品种名前冠以地名。例如以品种命名的有台湾乌龙、安溪铁观音、武夷肉桂、闽北水仙、安溪香橼、永春佛手等；以单枞命名的有大红袍、铁罗汉、白鸡冠、水金龟等。

以上茶名的命名方式都突出了茶的描写性特征，方便了人们对茶叶的认识和了解，这对茶叶的分类研究和实际应用有一定意义。此外，由于中国茶史长，茶品多，也存在着历代、各地茶名同名异实的现象。

文艺性的命名方式

中国的茶名，不仅具有描写性特征，还有文艺性特征。茶名的文艺性主要体现在两个方面：

一是许多茶名，尤其是名茶之名，文字都文雅优美，富有诗情画意，让人一见茶名，便会引起无限美好的遐想，如敬亭绿雪、庐山云雾、黄山毛峰、高桥银峰、雪水云绿等，浏览这些茶名，犹如欣赏一幅素淡清雅、写意传神的中国画，让人感到美不胜收。

二是许多茶名都来自一些美妙动人的传说和典故，如碧螺春、竹叶青、文君嫩绿、峨蕊、太平猴魁、大红袍、铁观音、文公银毫、金奖惠明等，这些茶名背后的传说与典故，既丰富了其文化内涵，也使茶叶本身的魅力倍增。

延伸阅读

惠明茶的传说

传说从前有个景宁商人，坐船到南方去。在船上见到一个衣衫破旧的老和尚，商人乐善好施，便布施给和尚许多银两布匹，老和尚无以回报，就取出身上的白茶及种子，送给商人，并告诉商人说：如家人有急病时，可取一片，用水沏泡喝下。商人回到家里，就把白茶收了起来，并未当真。过了一段日子，商人的老母急火攻心，突然双目失明。遍请名医也无法医治，商人急得团团转。后来，忽然想起老和尚送的白茶，就忙叫人沏了一杯，给老母奉上。奇特的是，老母喝了这茶，眼睛竟然好了。商人见此茶如此神奇，便取出和尚送的种子，命人精心培育，制成茶叶后，又加以宣传和流通。因为喝了这茶眼睛会复明，所以商人给取名叫"会明茶"，人们传来传去，成了"惠明茶"，这就是惠明茶的传说。

形美味醇的龙井茶

龙井茶是中国著名绿茶，它产于浙江杭州西湖一带，已有一千二百余年历史。龙井茶色泽翠绿，香气浓郁，甘醇爽口，形如雀舌，具有"色绿、香郁、味甘、形美"的特点。

传说，乾隆皇帝下江南，在杭州龙井村狮峰山的胡公庙前欣赏采茶女制茶，并不时抓起茶叶鉴赏。正在赏玩之际，忽然太监来报说太后有病，请皇帝速速回京。乾隆一惊，顺手将手里的茶叶放入口袋，火速赶回京城。原来太后并无大病，只是惦记皇帝久出未归，上火所致。太后见皇儿归来，非常高兴，病已好了大半。忽然闻到乾隆身上阵阵香气，问是何物。乾隆这才想起自己把茶叶带回来了。于是亲自为太后冲泡了一杯茶，只见茶汤清绿，清香扑鼻。太后连喝几口，觉得肝火顿消，病也好了，连说这茶胜似灵丹妙药。这便是传说中的"西湖龙井"。

龙井茶的历史

杭州西湖地区产茶历史悠久，可追溯到南北朝时期。到了唐代，陆羽在《茶经》中也有天竺、灵隐二寺产茶的记载。宋时西湖周围群山中的寺庙生产的"宝云茶"、"香林茶"、"白云茶"等就已成为贡茶。北宋熙宁十一年(1078年)，上天竺辩才和尚与众僧来到狮子峰下栽种采制茶叶，所产茶叶即为"龙井茶"。

龙井茶因龙井泉而得名。龙井原称龙泓，传说明代正德年间曾从井底挖出一块龙形石头，故改名为龙井。不过，在明朝以前，龙井茶是经压制的团茶，并不是现在的扁体散茶。至于龙井茶究竟何时成为扁形散茶，目前还没有定论，但有专家考证认为大约是明代后期。此时的龙井茶已成为闻名遐迩的茶中极品。

清朝以后，龙井茶得到皇家的厚爱，先是康熙帝在杭州创设"行宫"把龙井茶列为贡茶，后来乾隆帝六下江南，有四次曾到天竺、云栖、龙井等地观察茶叶采制过程，品尝龙井茶，大加赞赏，并将狮峰山下胡公庙(寿圣院原址)前的18棵茶树敕封为"御茶"，使得龙井茶身价倍增，扬名天下。

龙井茶的品质特点

龙井茶之所以绵延千年而不衰，是因为其优异的茶叶品质深得人们的喜爱。龙井茶是一种扁形炒青绿茶，外形扁平光滑，大小匀齐，色泽翠绿略黄。如果泡在透明的玻璃杯中，就像初绽的兰花，嫩匀成朵，一旗

茶文化十二讲

中华文化公开课

一枪，交错相映，美不胜收。茶汤的色泽清澈明亮，碧绿如玉，其味清幽淡雅，香气持久，且滋味鲜醇清爽，品饮时令人齿颊流芳，回味无穷。

龙井茶的采制

龙井茶之所以被公推为名茶之魁首，还与其产地的生态环境和精致的采制技术有关。龙井茶产区主要分布在西湖周围的群山之中，这里林木繁茂，云雾缭绕，气候温和，雨量充沛，土壤肥沃，这种得天独厚的生态环境，为龙井茶优良品质的形成提供了很好的先天条件。

龙井茶的采制工艺也十分精细。鲜叶原料一般为清明至谷雨前的一芽一叶初展芽叶，要求所采芽叶匀齐洁净，通常特级龙井茶一千克需七八万个芽叶。采摘时手势要用"提手采"不能用指甲刻断嫩茎，否则伤口就会变色。采回的鲜叶先进行摊放，以减少水分，便于炒制时做形。炒制分为青锅(杀青、初步做形)和辉锅(进一步做形、干燥)两个工序，其间在制茶叶要摊晾半小时左右。两个工序都在炒锅中进行，不加揉捻，茶的扁平形状是在炒制中将抖、带、甩、捺、拓、扣、抓、压、磨、敲等十大手法结合运用来完成。干燥后的茶最后进行精制分级，即为成品。

龙井茶的冲泡之道

冲泡水温：85—95℃沸水（切不可用即开开水，冲泡之前，最好凉汤，即在储水壶置放片刻再冲泡）。

冲泡置茶量：3克/杯(或因个人口味而定)。

龙井冲泡用水的选择：纯净水或山泉水。

◆ 龙井鲜茶叶

冲泡器具选择：陶瓷、玻璃茶具皆可。

具体方法是，先用开水温过杯，然后再投放茶叶，先倒五分之一开水浸润，摇香30秒左右，再用悬壶高冲法注下剩余的开水，35秒之后，即可饮用。

清香幽雅的碧螺春

洞庭碧螺春产于江苏吴县太湖洞庭山，是中国名茶中的珍品，为我国十大名茶之一。碧螺春属于绿茶类，产于江苏苏州市太湖洞庭山。茶芽多、嫩香、汤清、味醇。

苏州洞庭山是中国著名的古老茶区，唐代以前就已产茶，陆羽《茶经》中就有关于洞庭山产茶的记载。宋代以后，茶叶品质明显提高，所产茶叶已成为上品贡茶，"岁为人贡"。明代至清初，洞庭山茶叶产品较多，品质都较好，可与同时期的"虎丘茶"、"松萝"等媲美。关于碧螺春始于何时、名称由何而来的说法颇多，中国农业出版社2000年出版的《中国名茶志》认为碧螺春之名是在康熙三十八年（1699年）康熙帝巡视东山时御赐。这样算来，碧螺春之名至今也有三百多岁了。

◆ 碧螺春散茶

碧螺春的品质特点

碧螺春出产于江苏太湖洞庭山一带。这里也是中国著名的茶果间作地区，茶树与桃、李、杏、梅、柿、桔、石榴、枇杷等果树相间种植。高大如伞的果树不仅可为茶树蔽覆霜雪，蔽掩烈日，使茶树生长苗壮，茶芽持嫩性强，同时茶树也吸收各种花果的香气，使生产出的碧螺春具有花香果味的独特风格。碧螺春的品质特点是：条索纤细、卷曲成螺、满身披毫、银白隐翠、清香淡雅、鲜醇甘厚、回味绵长，其汤色碧绿清澈，叶底嫩绿明亮，有"一嫩三鲜"之称。当地茶农对碧螺春描述为："铜丝条，螺旋形，浑身毛，花香果味，鲜爽生津。"

碧螺春的采制

碧螺春的采制工艺要求极高。高级碧螺春鲜叶特别细嫩，嫩度高于龙井，一般为一芽一叶初展，500克茶需6.8万—7.4万个芽头。采摘期从春分后到谷雨前。通常是早上采茶，采回的鲜叶要经过精细拣剔，除去其中鱼叶、残片、老叶、茎梗及夹杂物等，以保持芽叶匀整一致。拣剔后的鲜叶即

中华文化公开课

茶文化十二讲

◆ 碧螺春

进行炒制。炒制工序分杀青、揉捻、搓团（做形、提毫）、干燥四步，都在炒茶锅中完成。其特点是：手不离茶，茶不离锅，炒中带揉，揉炒结合，连续操作，一气呵成，全过程历时35—40分钟。

碧螺春的冲泡方法

碧螺春的沏泡方法比较独特：首先要选择安静优雅、空气清新的环境，而且要尽量选用优质矿泉水。冲泡时要注意先注水后放茶叶，并且要严格确认在放入茶叶时注入杯中的开水已冷却至70℃以下，只有这样才能感受到原生态碧螺春的水果香，约维持30秒后果香逐渐转为茶香。产自不同果园的碧螺春和水温的微小差异都会导致其香味的不同。但是凡是没有水果香的碧螺春就不能算是真正的碧螺春。品赏碧螺春是一件颇有情趣的事。待茶叶舒展开后，杯中就犹如雪片纷飞，令人爱不释手。

碧螺春的鉴别方法

从生物学的角度讲，颜色是植物生长的自然规律，但是颜色越绿并不意味着茶叶品质越好，鉴别碧螺春时，应注意观察其外观色泽：没有加色素的碧螺春色泽比较柔和，加色素的碧螺春看上去颜色发黑、发绿、发青、发暗。还要看茶汤色泽：把碧螺春用开水冲泡后，没有加色素的颜色看上去比较柔亮、鲜艳，加色素的看上去比较黄暗，像陈茶的颜色一样。

如果是着色的碧螺春，它的绒毛多是绿色的，是被染绿了的效果。而真的碧螺春应是满皮白毫，有白色的小绒毛。

延伸阅读

碧螺春诗

碧螺春原名"吓煞人香"，后康熙帝认为此名不雅，御赐名"碧螺春"。清代诗人陈康祺曾作诗：

从来隽物有嘉名，物以名传愈自珍。
梅盛每称香雪海，茶尖争说碧螺春。
已知焙制传三地，喜得揄扬到上京。
吓煞人香原夸语，还须早摘趁春分。

风味独特的庐山云雾

庐山云雾茶，产于江西庐山，是绿茶中的珍品，以"味醇、色秀、香馨、液清"而享誉天下，深受茶人的喜爱。朱德曾有诗赞美庐山云雾茶云："庐山云雾茶，味浓性泼辣，若得长时饮，延年益寿法"。

传说云雾山上有座凤凰坡，满坡都是茶树，有一对凤凰常在茶树上梳洗羽毛，昂头鸣唱。乾隆年间，朝廷每年向苗家索取"贡茶"，而且"贡茶"数量年年增加，苗家百姓实在无法活下去了，就打算毁了茶树，他们用开水浇在茶树上，烫得茶树一片焦黄，然后去禀报官府。县官大发雷霆，要惩办毁茶之人。愤怒的百姓提着刀、棒，从四面围了上来，吓得县官连忙答应禀报皇上，免去贡茶，然后匆匆逃去。而那对凤凰见茶树枯萎伤心极了，一边飞，一边哭，凤凰泪滴在茶树上，没有多久，茶树转青复活，枝叶又显得绿葱葱了。凤凰坡的茶树经过凤凰泪的浇灌，品质更加优异。这就是传说中的庐山云雾。

庐山云雾的历史

庐山产茶历史悠久，早在汉代就有了茶叶生产。据《庐山志》记载，东汉时，庐山已有梵宫寺院300余座，僧侣们常以茶充饥渴。他们除了采摘野生茶叶，还开辟茶园，种植茶树，采制茶叶以自给。自晋至唐，庐山茶叶基本上都是寺院僧侣或其他山居者种植、采制，种制者多出于自身的需要，自产自用。不过在此期间，不少文人墨客常上山游览和隐居，留下了大量赞美庐山的诗文。在这些诗文中，有许多都涉及到庐山茶，为庐山云雾的扬名起了很大作用。唐代诗人白居易就曾在庐山香炉峰结草堂居，并辟茶园种茶，在他留下的多首诗中均谈到茶。如《重题》："长松树下小溪头，斑鹿

◆ 云雾茶

胎中白布裘。药圃茶园为产业，野麋林鹤是郊游。"到了宋代，庐山茶已是远近驰名，并列入贡茶。茶叶生产面积也有所扩大，种茶人数也日渐增多。至明、清时，茶叶生产

最盛，茶叶已商品化，成为了山民和僧尼们主要的经济来源。

庐山云雾的品质特点

庐山终年云雾缭绕，雨量充沛，气候宜人，土壤肥沃，日照短，昼夜温差大。生长在这种环境里的茶树，具有芽头肥壮、持嫩性强、内含物质丰富、碳氮比小的特色，这是庐山云雾成为名茶珍品的先天条件。

庐山云雾具有条索紧结卷曲、翠绿显毫的特点，它的汤色绿而透明，香气高锐，鲜似兰花，滋味浓厚鲜爽，有"香馨、味厚、色翠、汤清"之称。此外，由于受庐山凉爽多雾的气候及日光直射时间短等条件影响，形成其叶厚、毫多、醇甘耐泡，含单宁、芳香油类和维生素较多等特点，不仅味道浓郁清香，怡神解泻，而且可以帮助消化，杀菌解毒，具有防止肠胃感染、增加抗坏血病等功能。

庐山云雾的采制

庐山云雾茶还有一套精湛的采制技术。由于气候条件原因，云雾茶比其他茶采摘时间较晚，一般在谷雨之后至立夏之间开园采摘。鲜叶采摘以一芽一叶初展为标准，长度3厘米左右。严格要求不采紫芽叶、病虫叶、破碎叶、单片叶。采回的芽叶先薄摊于洁净的竹篾簸箕内，在阴凉通风处放置4—5小时后始进行炒制。经杀青、抖散、揉捻、炒二青(初干)、理条、搓条、拣剔、提毫、烘干等几道工序，才制成成品。庐山云雾茶的加工制作十分精细，每道工序都有严格要求，如杀青要保持叶色绿翠；揉捻要用手工轻揉，防止细嫩断碎；搓条也用

手工；翻炒动作要轻，这样才能保证云雾茶的优异品质。

庐山云雾冲泡方法

云雾茶的冲泡方法也别具一格，沏茶时，最好先倒半杯开水、温度掌握在80—90℃之间，不加杯盖，茶叶瞬间舒展如剪，翠似新叶。然后再加二遍水，在清亮黄绿的茶汤中，似有簇簇茶花，茵茵攒动。品饮时，滋味醇厚，清香爽神，沁人心脾。同时要注意及时续水，不要等茶水喝干再续，当杯子中的水剩下四分之一时就应续水。这样才能品尝到真正的茶香。

延伸阅读

庐山云雾的另类传说

传说孙悟空在花果山当猴王的时候，有一天，他驾着祥云正好看见九州南国的茶树，可是孙悟空却不知如何采种。这时，天边飞来一群多情鸟，见到猴王后便问他要干什么，孙悟空说："我那花果山虽好但没茶树，想采一些茶籽去，但不知如何采得。"众鸟听后说："我们来帮你采种吧。"于是展开双翅，来到南国茶园里，一个个衔了茶籽，往花果山飞去。谁知飞过庐山上空时，巍巍庐山胜景把它们吸引住了，领头鸟竟情不自禁地唱起歌来。领头鸟一唱，其他鸟跟着唱和。茶籽便从它们嘴里掉了下来，直掉进庐山群峰的岩隙之中。从此庐山便长出一棵棵茶树，出产清香袭人的云雾茶。

营养最佳的六安瓜片

六安瓜片产于安徽省，属于半烘炒片形绿茶。其所用原料和采制工艺，以及成茶品质在众多名茶之中独具一格，不同凡响，因而广受茶人青睐，盛名远扬。

1905年前后，六安州麻埠地区有一个茶行的评茶师，从收购的上等绿大茶中专拣嫩叶摘下，不要老叶和茶梗，经炒制便作为一种新产品推向市场。这种制茶方法不胫而走，麻埠的茶行也闻风而动，开始雇用当地妇女大规模生产这种优良的茶叶，并起名曰"峰翅"。之后这种制茶工艺又启发了齐头

◆ 特级六安瓜片

山的一家茶行，他们将采回的鲜叶直接去梗，并分别老嫩炒制，结果事半功倍，制成

的茶色、香、形均在"峰翅"之上。于是周围茶农纷纷仿制此法，齐头山附近的茶户，自然捷足先登。这种茶形如葵花子，遂称"瓜子片"，后经人流传就成了"六安瓜片"。

六安瓜片的历史

"六安瓜片"具有深厚的历史底蕴和文化内涵。六安是淮南的著名茶区，早在东汉时就已有茶。唐朝中期六安茶区的茶园就初具规模，所产茶叶开始出名。陆羽《茶经》中就有"庐州六安(茶)"的记载。据《罗田县志》和《文献通考》载：宋太祖乾德三年（965年）官府曾在麻埠、开顺设立茶站，可见当时已颇具规模。在《六安州志》中也提到齐头山上产名茶。明代科学家徐光启在其巨著《农政全书》里称"六安州之片茶，为茶之极品"，明代李东阳、萧显、李士实三位名士在《咏六安茶》中也多次提及，给予"六安瓜片"很高的评价。

六安瓜片在清朝也被列为"贡品"。相传咸丰帝的懿嫔（即慈禧）生下了第八代皇帝同治帝。咸丰帝闻知此事，喜不自胜，便当即谕旨："懿嫔著封为懿妃"。按照宫

茶文化十二讲

中华文化公开课

◆ 六安地区的茶园

中规定，慈禧从此便可享受更高一级的生活待遇。于是，在她的饮食规定中就有"每月供给'齐山云雾'瓜片茶叶十四两"的待遇了。

六安瓜片的品质特征

六安瓜片按产地常分为内山瓜片和外山瓜片。内山瓜片产地主要在紧邻齐头山的金寨县齐山、响洪甸、鲜花岭，六安市黄涧河、独山、龙门冲，霍山县诸佛庵等地。因生态环境优越，加上茶树品种优良，内山瓜片品质优异。外形为单片，不带芽和梗，叶缘背卷顺直，形如瓜子，色泽宝绿，大小匀整；香气清香持久，滋味鲜醇，回味甘甜，汤色碧绿，清澈透明，叶底黄绿明亮，在名茶中独具一格。尤其以"齐山名片"质量最佳。外山瓜片主要产在六安市的石板冲、石婆店、狮子岗、骆家庵一带。该地自然条件不如内山区，茶树长势较差，成茶品质相应较低。

六安瓜片的采制

六安瓜片采制与一般绿茶有很大不同，不是采非常细嫩芽叶，而是待新梢已形成"开面"（叶已全展，出现驻芽）时才采，采摘标准以对荚二三叶或一芽三叶为主，采摘季节通常较其他绿茶迟一些，在谷雨之后。采回的鲜叶不直接炒制，要先进行"板片"，即将新梢上的嫩叶(叶缘背卷，未完全展开)、老叶(叶缘完全展开)掰下分别归堆，然后将新梢各部分分别炒制成不同产品。

六安瓜片制作分为炒生锅、炒熟锅、拉毛火、拉小火、拉老火等五道工序。炒生锅即为杀青。炒熟锅主要起整形作用，边炒边拍，使茶叶逐渐成为片状。六安瓜片制作中烘焙较为特别，要烘三次，烘焙温度一次比一次高，每次之间间隔时间较长，达一天以上。通常拉毛火由茶农在熟锅炒完后进行，然后再完成后两次烘干，即拉小火和拉老火。这是对六安瓜片特殊品质形成影响极大的关键工序。烘至足干的茶叶要趁热装入铁桶，并用焊锡封口，以保持成茶品质。

"不散不翘"的太平猴魁

太平猴魁是中国的历史名茶，属绿茶类，其色、香、味、形独具一格，具有"刀枪云集，龙飞凤舞"的特色，深得茶人好评。

安徽省太平县（今黄山区）猴坑一带生产一种猴魁茶。传说古时候，有个小毛猴独自外出玩耍没有回来，老猴立即出门寻找，由于寻子心切，劳累过度，老猴病死在太平县的一个山坑里。山坑里住着一个心地善良的采茶老人，他发现这只病死的老猴并将它埋在山岗上，并移来几颗野茶和山花栽在老猴墓旁。正要离开时，忽然听到说话声："老伯，你为我做了好事，我一定感谢您。"第二年春天，老汉又来到山岗采野茶，发现整个山岗都长满了绿油油的茶树。这时老汉才醒悟过来，这些茶树是神猴所赐。为了纪念神猴，老汉就把这片山岗叫作猴岗，把自己住的山坑叫作猴坑，把从猴岗采制的茶叶叫做猴茶。由于猴茶品质超群，堪称魁首，后来就将此茶取名为"太平猴魁"了。

太平猴魁的历史

太平猴魁是尖茶之极品，产于安徽黄山市太平县猴坑一带高山中。这里是中国的古老产茶区之一，清末时这里的茶叶生产和购销十分兴旺。当时南京的江南春茶庄就在太平县收购茶叶，为了获取更多的利润，在所购茶叶中挑选出细嫩芽尖作为新花色茶，

运往南京高价出售。此法使家住猴坑的茶农王魁成(外号王老二)很受启发，于是他在凤凰尖的茶园内选摘肥壮细嫩的芽叶，精心制作成尖茶，投放市场，大受欢迎，被人们称作王老二魁尖。由于王老二魁尖品质出类拔萃，为了与其他魁尖相区别，便取其尖茶中"魁首"之意，同时考虑产地在猴坑一带，而猴坑又地属太平县，将其定名为"太平猴魁"。

◆ 太平猴魁

太平猴魁问世后不久即得到众茶商的青睐。1912年茶商刘敬之收购后装运至南京，颇受好评。1916年又在江苏省举办的商品陈赛会展出，并获一等金牌奖。从此太平

中华文化公开课

茶文化十二讲

猴魁名扬华夏。

太平猴魁的品质特征

太平猴魁的主产地猴坑一带的自然生态环境特别适宜茶树生长，这里种植的茶树以柿大茶树（是茶树的优良品种）为主，这个品种发芽早，叶片较大，叶色深绿，茸毛多，节间短，一芽二叶新梢的二叶尖与芽尖基本保持平齐，为猴魁成茶外形的形成提供了条件。

◆ 太平猴魁的原产地

太平猴魁的外形不同于一般绿名茶条索紧细，而是平扁挺直，自然舒展，两头尖削，呈两叶抱一芽之状，好似"含苞之兰花"，有"猴魁两头尖，不散不翘不弓弯"之称。芽身重实，白毫隐伏，色泽苍绿匀润，叶脉绿中隐红，俗称"红丝线"。入杯冲泡，徐徐展开，芽叶成朵，嫩绿悦目。汤色清绿明澈，香气高爽，滋味醇厚回甘，独具"猴韵"。其耐泡性特别好，有"头泡香高，二泡味浓，冲泡三四次滋味不减，兰香犹存"之誉。

断，作为炒制猴魁的原料，俗称"尖头"；其余部分用作炒制"魁片"。尖头要求芽叶肥壮，大小匀齐，且芽尖与叶尖长度相齐，以保证成茶能形成"二叶抱芽"的外形，拣尖后的尖头即可付制。经杀青、毛烘、足烘、复焙四道工序，待茶冷却后，加盖焊封。其工艺看似简单，实则复杂，每个细节都要掌握得恰到好处。

太平猴魁的采制

造就太平猴魁出众品质的因素，除了环境和品种外，还有其自成一体、精湛考究的采制工艺。猴魁采摘期很短，为谷雨至立夏短短的半月时间。采摘要求极为严格，首先要做到"四拣"，即拣山、拣棵、拣枝、拣尖。拣山即选择所采茶山，应是云雾笼罩、避阳向阴的高山；拣棵即选择所采茶树，应是长势旺盛的柿大茶品种茶树；拣枝即在茶树上挑选采摘的枝条，应是生长健壮挺直的嫩梢；拣尖即选择合格芽尖，这是猴魁采制中的重要一环。然后从一芽二叶处折

第三讲 茶叶分类——尘寰有神品

延年益寿的蒙顶茶

俗话说"扬子江心水，蒙山顶上茶"，蒙顶茶由于品质特殊，成为经久不衰的贡茶。如今正可谓"昔日皇帝茶，今入百姓家"，普通的茶人也可一品此茶之神韵。

相传，有一鱼仙在蒙山拾到几颗茶籽，正巧碰见一个名叫吴理真的采花青年，两人一见钟情。鱼仙将茶籽送给吴理真，相约在来年茶籽发芽时成亲。鱼仙走后，吴理真就将茶籽种在蒙山顶上。第二年春天二人成亲，鱼仙解下肩上的白色披纱抛向空中，顿时白雾弥漫，笼罩了蒙山顶，滋润着茶苗，茶树越长越旺。但好景不长，鱼仙与凡人婚配的事被河神发现了。河神下令鱼仙立即回宫。天命难违，鱼仙只得忍痛离去。临

走前，把那块能变云化雾的白纱留下，让它永远笼罩蒙山，滋润茶树。失去鱼仙的吴理真出家为僧用自己的一生守护着这片茶树。后来皇帝知道此事，因吴理真种茶有功，便追封他为"甘露普慧妙济禅师"。

蒙顶茶是四川雅安蒙山所产各种品目茶的总称。从古至今，蒙山所产茶的品目较多，有散茶，也有紧压茶；有绿茶，也有黄茶。其中许多茶随着岁月流逝而消失在历史长河中，保留到今天的茶品已为数不多，并

◆ 蒙顶茶的原产地——蒙山

且在制法和品质上已有很大改变。较著名且有代表性的茶品主要有蒙顶石花、黄芽、甘露、万春银叶、玉叶长春等。

蒙顶茶的历史

蒙顶茶的历史悠久，《尚书》中就有记载"蔡蒙旅平者，蒙山也，在雅州，凡蜀茶尽出于此。"唐代可以说是蒙顶茶发展的黄金时期，此时的蒙顶茶作为贡茶入京，达官贵人不惜重金争相购买。然而与一般贡茶不同，蒙顶茶不是由民间普通百姓生产，而是由山上寺僧专门种植、制作。宋代是蒙顶茶的极盛时期，此时蒙顶茶的质量有很大提高，制茶技艺进一步完善，创制出万春银叶、玉叶长春等贡品。

蒙顶茶的品质特点

蒙山终年重云积雾，且气候温和，雨量充足，土壤肥沃深厚，所以生长在其间的茶叶甘香鲜醇，氨基酸含量特别高，成茶品质具有紧卷多毫，嫩绿色润，香高而爽，味醇而甘，汤色黄绿明亮，叶底嫩匀鲜亮的特点。其中甘露茶在蒙顶茶品中声誉最高，产量也较多，深受茶人们的喜爱。

此外，明代著名药学家李时珍在《本草纲目》中有写道："真茶性冷，惟雅州蒙顶山出者温而主祛疾"，记录了蒙顶山茶的保健功效。从现代医学的角度来看，蒙顶茶中含有丰富的茶多酚、氨基酸、可溶糖、维生素等物质，常饮蒙顶山绿茶，对人体健康大有益处。

蒙顶茶的采制风俗

蒙顶茶的采制工艺极为有趣，尤其是古时的采制风俗，更是隆重而神秘。每逢春分茶芽萌发，地方官即选择吉日，一般在"火前"，即清明节之前，焚香淋浴，穿起朝服，鸣锣击鼓，燃放鞭炮，率领僚属并全县寺院和尚，朝拜"仙茶"。礼拜后，"官亲督而摘之"。贡茶采摘由于只限于七株，数量甚微，最初采六百叶，后为三百叶、三百五十叶，最后以农历一年三百六十日定数，每年采三百六十叶，由寺僧中精于茶者炒制。炒茶时寺僧围绕诵经，制成后贮入两银瓶内，再盛以木箱，用黄缣丹印封之。临发启运时，地方官再次卜择吉日，朝服叩阙。所经过的州县都要谨慎护送，至京城供皇帝祭祀之用，此谓"正贡"茶。在正贡茶之后采制的，就是供宫廷成员饮用的雷鸣、雾钟、雀舌、白毫、鸟嘴等品目。

延伸阅读

蒙顶茶治百病的传说

关于蒙顶茶的治病功效，有一个美丽的传说。相传有个和尚生了重病，吃了不少药，仍未见效。一天，一位过路的老翁告诉他，春分前后春雷初起时，采下蒙山顶上的茶叶，用本地水煎服，能治病。和尚听了老人的话，便在蒙山上清峰筑起了石屋，请人住在这里，遵照老翁所授方法，采得了蒙顶茶。煎服后，果见奇效，和尚不仅治好了病，而且眉发返黑，体格精健，貌似三十余岁的人，返老还童了。于是都说蒙顶茶，有返老还童的奇功。

"三起三落"的君山银针

君山银针是一种较为特殊的黄茶，极有观赏价值。冲泡后的茶叶如根根银针在杯中三起三落，浑然一体，打开杯盖，更有一缕白雾从杯中冉冉升起，宛如白鹤冲天，真可谓茶中奇观。

君山银针原名白鹤茶。据传初唐时，有一位名叫白鹤真人的云游道士从海外仙山归来，随身带了八株神仙赐予的茶苗，将它种在君山岛上。后来，他建起了巍峨壮观的白鹤寺，又挖了一口井。白鹤真人取井水冲泡仙茶，只见杯中一股白气袅袅上升，水气中一只白鹤冲天而去，此茶由此得名"白鹤茶"。又因为此茶颜色金黄，形似黄雀的翎毛，所以别名"黄翎毛"。后来，此茶传到长安，深得皇帝喜爱，遂将白鹤茶与寺中井水定为贡品。有一年进贡时，由于风浪颠簸把随船带来的井水给泼掉了。押船的州官急中生智，取江水运到长安。皇帝泡茶时只见茶叶上下浮沉却不见白鹤冲天，便随口说道："白鹤居然死了！"岂料金口一开，即为玉言，从此寺中井水枯竭，白鹤真人也不知所踪。但是白鹤茶却流传下来，即是今天的君山银针茶。

◆ 君山银针茶园

君山银针的历史

乾隆皇帝十分喜爱君山茶，规定每年要进贡18斤，由官府派人监督僧侣制造。清代君山贡茶有"贡尖"与"贡蔸"之分。在山上先按一芽一叶(一旗一枪)将鲜叶采回，然后将每枝嫩梢上的芽头摘下，单独制作。制成的茶叶芽尖如箭，白毛茸然，作为纳贡茶品，称为"贡尖"。摘去芽头后剩下的叶片制成的茶叶，色暗而毫少，不做贡品，称为"贡蔸"。可见，君山银针是由贡尖茶演变发展而来。

君山银针的品质特点

君山银针的产地岳阳君山一带，竹木丛生，郁郁葱葱，四面环水，空气湿润，水雾缭绕，土壤肥沃，多为砂质壤土，具有名茶生产的优良生态环境。所以这里所产的茶叶具有芽头肥壮，紧实挺直，茸毛密被，色泽金黄，香气高纯，汤色杏黄，滋味甘爽，叶底鲜亮的特点。用透明玻璃杯冲泡，可见茶在杯中"三起三落"的景象。刚开始时，茶芽在杯中根根竖立悬挂，似万笔书天；稍后陆续下沉，有的下沉后又上升，这样忽升忽沉，最多可达3次。最后沉于杯底的芽头仍根根直立，宛如群笋破土，堆绿叠翠，芽景汤色，交相辉映，赏心悦目。

君山银针的采制

君山银针对鲜叶采摘要求很严，每年开采期在清明的前3天，全部采摘肥硕重实的单芽。要求芽长25—30毫米，宽3—4毫米，芽蒂长约2毫米。为防止擦伤芽头和茸毛，通常盛茶筐内还要衬以白布，足见其采摘的精细。为保证鲜叶质量，还规定了"九不采"，即雨水芽、露水芽、细瘦芽、空心芽、紫色芽、冻伤芽、虫伤芽、病害芽、开口芽、弯曲芽不采。采回的芽叶要先拣剔除杂，然后方可付制。君山银针制作工艺精细而别具一格，分杀青、摊放、初烘、摊放、初包、复烘、摊放、复包、干燥、分级等10个工序。其中"初包"和"复包"为用纸包裹渥黄的工序，这是形成黄茶特有品质的关键工序。整个制作过程历时三昼夜，长达70多小时。

君山银针于1956年在德国莱比锡国际博览会上被赞誉为"金镶玉"，并赢得金奖，因而名扬中外。

第三讲 茶叶分类——尘寰有神品

61

甘馨可口的武夷岩茶

武夷岩茶产于素有"美景甲东南"之称的武夷山，茶树生长在岩缝之中。
武夷岩茶具有绿茶之清香，红茶之甘醇，是中国乌龙茶中之极品。

传说有一穷秀才上京赶考，路过武夷山时，病倒在路上，幸好被天心庙的老方丈看见，泡了一碗茶给他喝，他的病就好了，后来这个秀才中了状元。一个春日，状元来到武夷山谢恩，老方丈将他带到三株高大的茶树前，告诉他当年治愈病的就是这种茶叶。状元听了要求采制一盒进贡皇帝。老方

◆ 武夷岩茶的生长环境

丈答应了，状元带茶进京，恰逢皇后腹疼鼓胀，卧床不起。状元立即献茶让皇后服下，果然茶到病除。皇上大喜，将一件大红袍交

给状元，让他代表自己去武夷山封赏。到了九龙窠，状元将皇上赐的大红袍披在茶树上，三株茶树的芽叶在阳光下立刻闪出红色的光辉。后来，人们就把这三株茶树叫做"大红袍"了。

上面传说中提到的大红袍就是武夷岩茶中的极品。武夷岩茶的种类很多，一般而言凡是武夷山所产之茶都可称为武夷茶，但只有生长在山谷岩坑，并用乌龙茶工艺采制而得的茶才是武夷岩茶。其主要品种有"大红袍"、"佛手高"、"水仙"、"乌龙"、"肉桂"等。

武夷岩茶的历史

武夷山是我国历史上著名的茶叶产地，唐朝时武夷茶就已出名，被唐代进士徐夤赞誉为"臻山川精英秀气所钟，品具岩骨花香之胜"。宋代起就被列为皇家贡品。元代还在武夷山设立了"焙局"、"御茶园"，专门采制贡茶。

◆ 悬崖中的六株大红袍

不过，在元代以前，生产的均为蒸青绿茶，明代开始生产炒青绿茶。而作为乌龙茶的武夷岩茶出现较晚，大约起源于明末清初。

武夷岩茶的品质特征

武夷山有"闽南第一名山"之称，茶树就生长在岩壑中，岩与茶交相呼应，因此得岩茶之名。这里的土壤因岩石风化而成，含丰富的矿物质，对茶叶中有效成分的积累极为有利。故所产茶叶香气馥郁，具有一种不可言喻的山岩风韵，深得古今茶人的喜爱。

武夷岩茶为乌龙茶之中的瑰宝，其外观条索壮结，色泽青褐润亮，部分叶面呈现蛙皮状小白点，俗称"蛤蟆背"。冲泡后汤色橙黄，清澈明亮，叶底软亮，具有"绿叶红镶边"的特征。滋味也浓厚鲜醇，回甜明显，具有独特"岩韵"。当然不同岩茶品质也不同，如肉桂香气辛锐，透鼻诱人，且久泡犹存；乌龙则带有明显的蜜桃香，有隽永幽远之感；佛手高中带有雪梨香，滋味浓厚；水仙则香气高锐，有特有"兰花香"；奇种有天然花香，滋味醇厚甘爽。

武夷岩茶的采制

武夷岩茶的优良品质除了其独特的生长环境外，更决定于其严格的采制工艺。岩茶的采摘以形成"驻芽"（俗称开面）的新梢顶部三四叶为标准，这与一般红、绿名茶的鲜叶标准不同。鲜叶力求新鲜、完整。对优质品种、名枞采摘时，还规定不能在烈日下、雨中或叶面带有露水时采，以免影响其品质，而且单枞、名枞的采制都要求分开进行，不得混淆。岩茶加工工艺细致复杂，要经过晒青、晾青、做青、炒青、初揉、复炒、复揉、走水焙、簸扇、摊晾、拣剔、复焙、炖火、毛茶再簸拣、补火等15道工序方能得到成品岩茶，足见其来之不易。

延伸阅读

大红袍

大红袍之所以特别引人关注，不仅因为其美丽的传说，更在于它的稀缺性。历史上的大红袍，本来就少，而如今公认的大红袍，仅是九龙窠岩壁上的那几棵。最好的年份，茶叶产量也不过几百克。自古物以稀为贵。这么少的东西，自然也就身价百倍。民国时一斤就值64块银元，折当时大米4000斤。数年前，有九龙窠大红袍茶拿到市场拍卖，20克竟拍出15.68万元的天价，创造了茶叶单价的最高纪录。既然此茶如此珍贵，管理一定十分严格。据武夷山当地人说，早在国民党时代，大红袍就有兵看守。解放初，也有军人看守过，最多时曾有一个排的兵看守。前不久，还有一篇文章，记述当年一位看守过大红袍的老兵，从北方来武夷山故地重游的动人故事。几棵小小的茶树，竟要政府派兵看守，这在世界上恐怕也是绝无仅有的了。

第三讲　茶叶分类——尘寰有神品

"七泡有余香"的铁观音

铁观音是福建闽南乌龙茶的代表，因其品质超群，从古至今一直为茶人所珍爱。如今随着茶叶生产的发展，其美名已传遍中国各地，并驰名海外，被人们誉为"乌龙茶之王"。

相传，1720年前后，安溪尧阳松岩村有个叫魏荫的老茶农，勤于种茶，又笃信佛教，敬奉观音。每天早晚一定在观音菩萨前敬奉一杯清茶，几十年如一日，从未间断，有一天晚上，他睡熟了，朦胧中梦见自己扛着锄头走出家门，他来到一条溪涧旁边，在石缝中忽然发现一株茶树，枝壮叶茂，芳香诱人，跟自己所见过的茶树不同。第二天早晨，他顺着昨夜梦中的道路寻找，果然在一处石隙间，找到梦中的茶树。仔细观看，只见茶叶椭圆，叶肉肥厚，嫩芽紫红，青翠欲滴。魏荫十分高兴，将这株茶树挖回悉心培育并大规模种植。因这茶是观音托梦得到的，所以取名"铁观音"。

铁观音的历史

铁观音的产地福建安溪是中国古老的茶区，境内具有丰富的茶树资源和悠久的产茶历史。安溪产茶始于唐末。在宋元时期，安溪不论是寺观或农家均已产茶。明代是安溪茶叶走向鼎盛的一个重要阶段，此时饮茶、植茶、制茶之风盛行，并迅猛发展成为当地农村的一大产业。铁观音则始创于清乾

隆初年，距今已200多年历史。

铁观音的品质特征

铁观音的原产地福建安溪一带，山峦重叠，岩峰林立，蓝、清二溪蜿蜒流淌于群山起伏的峰谷之间。山中长年朝雾夕岚，雨量充沛，气候温和，四季长春，极宜茶树生长发育，素有"茶树天然良种宝库"之称。

铁观音外形独特，茶条为螺旋卷曲形，紧结重实，呈蜻蜓头状，并带有青蒂小尾。色泽砂绿青润，表面带有白霜。铁观音

◆ 铁观音茶园

不仅外形奇异，内质更佳。汤色金黄，浓艳清澈，叶底肥厚明亮，呈现"青蒂、绿腹、

红镶边"的特征。因此，人们形容铁观音外形为"青蛙腿，蜻蜓头，蛎干形，茶油色"。品饮茶汤，即感滋味醇厚甘鲜，回甘明显，香气馥郁，久留齿颊，令人心旷神怡。铁观音茶还特别耐冲泡，有"七泡有余香"之誉。

铁观音的采制

铁观音鲜叶采摘一年有春、夏、暑、秋之分，从4月中旬采至10月上旬。各季茶中，春茶最好，秋茶次之，夏、暑茶较差一些。采摘以形成驻芽新梢的顶部二至四叶(最好为三叶)为标准，要尽量保持芽叶的匀齐、完整。采回的鲜叶要经过摊青、晒青、晾青、摇青(做青)、炒青、揉捻、初烘、初包揉、复烘、复包揉、足干等十几道工序才能制成成茶。虽同为乌龙茶，但铁观音制作工艺别具一格，两次用布包揉，不仅是形成铁观音独特的蜻蜓头外形的关键工序，也对茶叶色、香、味品质的发展有重要影响。再加上在其他各工序中的特殊工艺要求，会使制作出的铁观音具有独特的"观音韵"，为其他乌龙茶所不及。

铁观音的冲泡艺术

观音茶的泡饮方法别具一格，自成一家。首先，必须严把用水，茶具，冲泡三关。水要用山泉之水，茶具要讲究小巧伶俐，烧水最好用炭火。然后用开水洗净茶具，把铁观音茶放入茶具，放茶量约占茶具容量的五分之一，将滚开的水提高冲入茶壶，并用壶盖

◆ 采摘铁观音

轻轻刮去漂浮的白泡沫，使其清新洁净，最后把泡一两分钟后的茶水注入茶杯里，但是要注意当茶水倒到少许时要一点一点均匀地滴到各茶杯里，之后就可以观赏杯中茶水的颜色，边啜边闻，浅斟细饮。

知识小百科

铁观音的香气

铁观音确实要讲究香气，但不一定越香越好。香气好的铁观音多是生长在高海拔的山区，那里云雾多，日光漫射，紫外线强，茶叶中积累了较多的芳香物质，茶叶厚柔软，嫩性强。这些地方的铁观音一般能制作出优质的茶香，但价钱也较贵。此外，好的茶香与其品种有关。从整体表现来说，以上等品种茶树为原材，并用特定制法制成的铁观音茶具有浓郁的兰花香和甘露味，即俗称的"观音韵"。其所特有的花香、果香，并非茉莉、玉兰的鲜花窨制而成，而是由铁观音的茶树品种、气候、季节及独特工艺引发出来的天然香味。

芳香厚味的祁门红茶

祁门红茶是中国红茶中的精品，品质超群，被誉为"群芳最"，并以"香高、味醇、形美、色艳"四绝驰名于世。它与印度的"大吉岭"红茶和斯里兰卡的"乌伐"红茶一同被称为"世界三大高香名茶"。

祁门红茶为中国著名工夫红茶，常简称为"祁红"。主要产于安徽祁门县，以及相毗邻的石台、东至、贵池、黟县等县。只因祁门产量最多，质量最好，故以祁门命名。说起祁门红茶就不得不提到一个人。

胡元龙（1836—1924年），字仰儒，祁门南乡贵溪人。他博读书史，兼进武略，被朝廷授予世袭把总一职。但是胡元龙轻视功名，注重工农业生产，18岁就辞去官职，在贵溪村垦山种茶。清光绪以前，祁门不产红茶，只产绿茶、青茶等，而且销路不畅。光绪元年（1875年），胡元龙筹建了日顺茶厂，开始用自产茶叶试制红茶。经过不断改进提高，到光绪八年（1883年），终于制成色、香、味、形俱佳的上等红茶，胡元龙也因此成为祁门红茶的创始之人。

祁门红茶的历史

祁门产茶历史悠久，早在唐代就盛产茶叶，而且茶叶贸易也非常兴旺，当时出产的"雨前高山茶"已相当出名。白居易的诗中就有"商人重利轻别离，前月浮梁买茶去"的句子。据史料记载，到元代时祁门的茶叶产量就已达到年产750吨。清光绪以前，祁门所产茶叶均为绿茶，称为"安绿"，主销广东、广西一带。光绪年间，引入红茶制法，这就是祁红的开端。由于当时绿茶出现滞销，红茶却因为出口而畅销，所以附近茶农纷纷改制，逐渐形成祁红产区。祁红一经问世，就以其超群

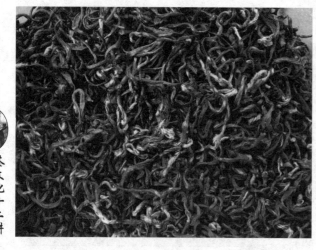

◆ 祁门红茶的形态

◆ 祁门县的茶树

芽二叶为主，一般茶以一芽二三叶或相同嫩度的对夹叶为标准。采回的鲜叶要按其嫩度、匀度、新鲜度等进行分级，分别付制。祁红的初制工序为萎凋、揉捻、发酵、烘干等。

这些工序看似简单，但实际操作非常细微、考究。以烘干工序为例，一般分两次进行，第一次称毛火，用高温(100—110℃)快速排除茶中水分，钝化酶活性，保持前三道工序形成的品质特征。在摊晾1—2小时后，又进行第二次烘干，称复火。这对于温度、时间、叶层厚度等的控制非常精细严格，非一般人所能掌握得好。经初制的祁红毛茶，还需经过筛分、切断、选剔、补火等十几道工序的精制才能成为形质皆佳的祁红。

不凡的品质而受世人瞩目，成为红茶世界的后起之秀。

祁门红茶的品质特点

祁门地处安徽南部山区，黄山支脉蜿蜒其境。这里"晴时早晚遍地雾，阴雨成天满山云"，而且"云以山为体，山以云为衣"，是槠叶种茶树生长的理想环境，槠叶种是制造祁红的主要品种。这就为制造优质祁红提供了很好的基础条件。

祁门红茶外形条索紧细，锋苗秀丽，色泽乌润有光，俗称"宝光"，冲泡后汤色红艳透明，叶底鲜红明亮，滋味醇厚甜润，回味隽永，香气浓郁高长，既似蜜糖香，又蕴有兰花香。这种似蜜似花、别具一格的香气，是祁红最为诱人之处，故人们把它专称为"祁门香"。祁红能行销上百年而长盛不衰，皆缘于此。

祁门红茶的采制

祁红优越的品质还源于其精湛的采制工艺。祁红的采制工艺也很特别，首先它的鲜叶原料嫩度较一般红茶为高，高档茶以一

第三讲 茶叶分类——尘囊有神品

越陈越香的普洱茶

在普洱茶的起源地云南，有"爷爷的茶，孙子卖"的俗语。普洱茶用优良品种制成，其外形肥大、色泽乌润、滋味醇厚，具有独特的陈香味儿，有"美容茶"、"减肥茶"之盛誉。

传说，在乾隆年间，普洱地区的濮家茶庄将没有完全晒干的毛茶压饼、装驮进京献给皇帝。由于普洱地处边远山区，交通闭塞，茶叶运输只能靠人背马驮，所以在运输过程中，由于时间长久以及在外界湿、热、氧、微生物等作用下，茶叶开始变质。等到了京城才发现，原本绿色泛白的茶饼变成了褐色。护送茶叶进京的茶庄少主人因为贡茶的变质而惊恐万分，甚至想了却自己的生

◆ 普洱茶的汤色

命，但在无意间却发现茶的味道变得又香又甜，茶色也红浓明亮。于是，少主人就将这些变质的茶送进皇宫，并深得乾隆皇帝的喜爱，赐名普洱茶。

普洱茶的历史

云南是茶树原生地，全国乃至全世界的各种茶叶的根源都在云南的普洱茶产区。普洱茶历史非常悠久，根据最早的文字记载，早在三千多年前的周武王伐纣时期，云南种茶先民就已将这种茶献给周武王，只不过那时还没有普洱茶这个名称。到了唐朝，普洱茶开始了大规模的种植生产，称为"普茶"。宋明时期，普洱茶开始在中原地区流行，并且在国家社会经济贸易中扮演重要角色。到了清朝，普洱茶的发展进入了鼎盛时期，据史料记载，早在清初，清政府便将普洱茶正式列入贡茶之中，清代宫廷也一直有"夏喝龙井、冬饮普洱"的传统。

普洱茶的品质特征

普洱茶是云南久享盛名的历史名茶。普洱地区原不产茶，只因曾是滇南重要的贸易集镇和茶叶市场，才将出自此处的茶统称为普洱茶，实际普洱茶主产区应是位于西双版纳和思茅所辖的澜沧江沿岸各县。由于产区自然条件优越，茶树品种多为大叶茶，且茶多酚含量高，制出的普洱茶品质特别优

◆ 普洱茶

茶）、普洱砖茶等。作为普洱茶原料的滇青，是以云南大叶种的芽叶，经过杀青、揉捻、干燥三道工序加工而成的绿毛茶。

过去曾采取日晒或风晾的方法进行干燥，所以叫晒青，其品质不如烘干。为适应茶人对普洱茶特殊风味的需求和提高普洱茶的自身品质，滇青的制法有所改进，改为烘干，所以，现在的滇青实际上就是云南大叶种的烘青绿茶。

异，味浓耐泡，泡上十余次仍有茶味，因而广受茶人好评。

普洱茶外形条索粗壮肥大，紧压茶形状因茶而异，色泽乌润或褐红，俗称猪肝色，茶汤红浓明亮，滋味醇厚回甜，具有独特陈香。普洱茶香气风格以陈为佳，越陈越好，保存良好的陈年老茶售价极高。普洱茶不仅为饮用佳品，也具有很好的药用保健功效。经中外医学专家临床试验证明，普洱茶具有降血脂、降胆固醇、减肥、抑菌、助消化、醒酒、解毒等多种作用，有美容茶、减肥茶、益寿茶之美称。

普洱茶的采制

普洱茶是云南特有的地方名茶，有两种形式，即散茶和紧压茶。散茶为滇青毛茶，经渥堆、干燥后再筛制分级而成。其商品茶一般分为五个等级。紧压茶则为滇青毛茶经筛分、拼配、渥堆后再蒸压成形而制成。现主要产品有普洱沱茶、七子饼茶（圆

第三讲 茶叶分类——尘裹有神品

69

赏心悦目的白毫银针

"白毫银针"是白茶中的珍品，因其成茶芽头肥壮、肩披白毫、挺直如针、色白如银而得名，素有茶中"美女"、"茶王"之美称。它的形、色、质、趣是名茶中绝无仅有的。

白毫银针简称银针，因茶芽满身披毫，色白如银，形状如针而得名。它产于福建的福鼎和政和两地。始于何时无确切记载。清嘉庆初年(1796年)以前，白毫银针都是用福鼎当地的肥壮茶芽为原料加工而成。约在1857年，福鼎茶农选育出福鼎大白茶良种茶树，其芽肥壮长大，茸毛浓密，茶多酚类、水浸出物含量高，成品味鲜、香清、汤

◆ 福建福鼎风景秀丽的茶山

中华文化公开课

茶文化十二讲

厚，于是自1885年起，福鼎便改用大白茶壮芽来制造白毫银针，从而大大提高了其品质。1880年政和县也选育出政和大白茶良种茶树，1889年开始以其壮芽生产白毫银针。

白毫银针的品质特征

白毫银针外形优美，芽头壮实，白毫密布，挺直如针。福鼎所产的白毫银针芽茸毛厚，色白富光泽，汤色碧清，呈杏黄色，香味清鲜；政和所产的白毫银针则汤味醇厚，香气清芬。此外，白毫银针的药理保健作用也比较突出，在民间常被作为药用。因为它味温性凉，有退热祛暑解毒的功效，是夏季理想的清热饮品，在茶人中享有很高的声誉。

白毫银针的采制

白毫银针完全是由独芽制成，鲜叶原料采摘极其严格。每年春季，当茶树嫩梢萌发一芽一叶时即将其采下。采时有"十不采"的规定，即雨天、露水未干、细瘦芽、紫色芽、风伤芽、人为损伤芽、虫伤芽、开心芽、空心芽、病态芽等10种情况的芽头不采。采回的鲜叶先小心将其上的真叶、鱼叶掰下，仅留肥壮芽头制作银针。掰下的茎叶还可用作其他茶的原料。这道工序俗称"抽针"，抽出的茶芽均匀薄摊于有孔的竹筛上，置于春日早、晚微弱日光下萎凋两个小时左右，然后在室内通风处摊晾至七八成干，其间切忌翻动茶芽，以免其受伤变红。然后入焙笼内，用30—40℃的温火慢烘至足干即成，也可置于烈日下晒至足干。银针制作工序虽简单，但在萎凋、干燥过程

◆ 白毫银针

中，要根据茶芽的失水程度进行温度、时间调节，掌握起来很不容易，特别是要制出好茶，比其他茶类更为困难。

知识小百科

白毫银针的冲饮技巧

白毫银针泡饮方法与绿茶大致相同，但它未经揉捻，茶汁不易浸出，所以冲泡时间比较长。冲泡白毫银针的茶具通常选用无色无花的直筒形透明玻璃杯，品饮者可从各个角度欣赏到杯中茶的形色和变幻的姿态。冲泡时白毫银针的水温以70℃为好，从用量上讲，一般每3克白毫银针应冲入200毫升沸水。开始时茶芽浮于水面，5—6分钟后才有部分茶芽沉落杯底，另一部分悬浮茶汤上部，此时茶芽条条挺立，上下交错，望之犹如雨后春笋，蔚为奇观。约10分钟后白毫银针立起，茶汤呈橙黄色，此时，边观赏边品饮，尘俗尽去，别有情趣。

茶的保健功效

人类早期对茶的认识，是从药用开始的。茶叶之中也确实含有与人体健康密切相关的化学成分，茶叶的药理功效和保健作用是其他饮料无可替代的。

相传有一年武夷山热得出奇，有个穷汉子靠砍柴为生，没砍几刀就热得头昏脑胀，唇焦口燥，胸闷疲累。于是他来到附近的祝仙洞，找个阴凉的地方歇息。刚坐下，就觉一阵凉风带着清香扑面吹来，远远望去原来是一棵树上开满了小白花，绿叶又厚又大。他走过去摘了几片含在嘴里，凉丝丝的，不一会儿头也不昏了，胸也不闷了，精神顿时爽快起来，于是他移植了一棵小树种

◆ 养生茶之桂圆茶

在家里，以后汉子便天天以此茶来解渴提神，许多年过去了，却丝毫不见年老，反而更加健壮。这段故事极具传奇色彩，但其广泛流传也说明人们对茶的保健功效的认可。

茶叶中的保健成分

一杯热茶所能提供的热量很低，但是却能提取出大量的保健成分。一般的茶叶中都含有儿茶素及其氧化缩合物、黄酮醇、咖啡因、茶氨酸、杂链多糖和各种维生素类等等。其中最具高附加值的保健成分为儿茶素类，儿茶素类具有很强的抗氧化能力，具抗菌作用，并且与蛋白质、金属及其他化合物有特异性的结合。儿茶素添加于食品可防止变质，保持鲜度。在身体内则有抗氧化机能、提升免疫能力、延缓衰老等作用。同时，对延迟及防止疾病的发作有相当之效果。由此可见，茶叶(或茶饮料)是非常理想的天然保健食品，它既可以提供人体所需的营养、水分还能满足人们的嗜好，此外，也具有非常显著的保健功能。

茶叶的保健功效

我国历代记述饮茶功效的书籍很多，如东汉华佗的《食论》、唐代孟诜的《食疗本草》、宋代孙用和《传家秘宝方》、明代李时珍的《本草纲目》及清代赵学敏的《本草纲目拾遗》等等。综观我国历代医书，对茶功效的记载大致为：益思少睡、清热降

◆ 具有多种保健功效的茶

火、解毒止渴、消胀气、助消化、消除疲劳、增强耐力、去痰治痢、利尿明目、坚齿、醒酒等。近年来由于科技进步，科学家通过各项动物实验和临床实验，证实了茶叶确实具有多种保健及预防疾病的功效。

饮茶有助于降低血脂、预防心血管疾病。特别是茶叶中的儿茶素，具有降低低密度脂蛋白和提高高密度脂蛋白的功效，因此茶叶具有一定的抗血栓和预防心血管疾病的功效。

饮茶有助于预防高血压。血钠含量高，是引起高血压的原因之一，而茶叶中富含的钾可促进血钠的排除，因此饮茶具有预防高血压的功效。

饮茶还有助于预防龋齿。茶树是一种富含氟元素的植物，尤其是老叶中含有很高的氟元素。饮茶所摄入的氟元素可以达到预防龋齿的效果。

饮茶还有助于抗细胞突变和抗癌。癌症的病因尽管有多种说法，但它的发生都由人体细胞的突变引起，从一个正常细胞发展成"癌细胞"都要经由"引发"和"促发"两个阶段，茶叶的有效成分不但具有抑制"引发"作用的活性，且具有抑制"促发"作用的活性。因此经常饮茶对胃癌、肺癌、乳房癌、肠癌、肝癌、皮肤癌等具有一定的的预防和抑制效果。

虽然茶一向被视为温和的天然保健饮料，但因其成分中含有咖啡因为主的植物碱类，具有兴奋及刺激神经的作用。茶多酚类也具有一定的收敛性，对口腔及肠胃道黏膜有影响，不宜空腹饮茶或饮用浓涩的茶汤，而一些有贫血、胃肠溃疡、神经衰弱的人更不宜饮茶，还有些人饮茶会引起失眠等等。所以，饮茶也一定要结合自身的具体情况，不可盲目饮用。

第四讲

茶具知识——茗器盛馨海

茶具的组成

中国茶具源远流长，各个朝代的茶具组成都有其独特之处，但是茶具的基本功能相同，所以按功能可以将茶具分为煮水、备茶、泡茶、品茶和辅助茶具五个部分。

中国民族众多，不同民族的饮茶习惯各具特点，所用器具更是异彩纷呈。此外，我国饮茶历史悠久，不同时代的茶具也有很大的差距，很难将茶具的组成作出一个标准的模式。所以，本节只能结合中国茶具的发展史，选择主要器具按功能加以总结。

煮水用具

煮水用具主要有煮水器和开水壶。煮水器是加热泡茶之水的一种茶具。如古代的"茗炉"，炉身为陶器，可与陶水壶配套，中间置

◆ 陶制茶具

酒精灯等燃烧物用以加热。同时将开水壶放在"茗炉"上，也可以起到保温的作用。开水壶（古代称注子）则是专门用于贮存沸水的工具，其中以古朴厚重的陶质水壶最受人推崇。在民间最为流行的是金属水壶，它传热快，又坚固耐用，而且价格实惠。

备茶用具

备茶用具是在元代散茶之风兴起之后才开始流行，是专门用于贮存茶叶的茶具，最为常用的有茶叶罐、茶则、茶漏、茶匙等。茶叶罐是专门用于贮放茶叶的罐子，在我国古代以陶瓷为佳质材，但用锡罐贮茶的也十分普遍；茶则是用来衡量茶叶用量的测量工具，以确保投茶量准确，通常以竹子或优质木材制成，但不能用有香味的木材；茶匙则是一种细长的小耙子，帮助将茶则中的茶叶耙入茶壶、茶盏，其尾端尖细可用来清理壶嘴淤塞，是必备的茶具，一般以竹、骨、角制成；茶漏是一种圆形小漏斗，当用小茶壶泡茶时，将它放在壶口，茶叶从中漏进壶中，以免洒到壶外。

泡茶用具

泡茶用具是茶叶冲泡的主体器皿，主要有茶壶、茶海、茶盏等。茶壶是最为常见

中华文化公开课

茶文化十二讲

的一种泡茶用具，泡茶时将茶叶放入壶中，再注入开水，将壶盖盖好即可，一般以陶瓷制成，其规格有大有小，但古人都以小唯上；茶海又可称为"公道杯"或"茶盅"，是用于存放茶汤的茶具。为了使冲泡后的茶汤均匀，以及不使因宾客闲谈致使壶中茶汤浸泡过久而苦涩，先将壶中泡出的茶汤倒在茶海里，然后再分别倒入茶杯中供客人品尝；茶盏是一种瓷质盖碗茶杯，也可以用它代替茶壶泡茶，再将茶汤倒入茶杯供客人饮用，但一个茶壶只配四个茶盏，所以最多只能供四个人饮用，其局限性比较大。

品茶用具

品茶用具是指盛放茶汤并用于品饮的茶具，主要有茶杯、闻香杯等。茶杯，又可以雅称为"品茗杯"，是用于品尝茶汤的杯子，但因茶叶的品种不同，也要选用不同的茶杯。一般以白色瓷杯为好，也有用紫砂茶杯的。

辅助茶具

辅助茶具是指用于煮水、备茶、泡茶、饮茶过程中的各种辅助茶具。常见的有如下几种：

茶荷：又称"茶碟"，是用来放置已量定的备泡茶叶，同时兼可放置观赏用样茶的茶具。

茶针：是用于清理茶壶嘴堵塞时的茶具。

漏斗：是为了方便将茶叶放入小壶的一种茶具。

茶盘：是放置茶具，端捧茗杯用的托盘。

壶盘：是放置冲茶的开水壶，以防开水壶烫坏桌面的茶盘。

茶池：是用于存放弃水的一种盛器。

水盂：是用来贮放废弃之水或茶渣的器物，其容量小于茶池。

汤滤：是用于过滤茶汤用的器物。

承托：是放置汤滤或杯盖等物的茶具。

茶巾：是用来揩抹溅溢茶水的清洁用具。

纵观中国茶具历史，我国的茶具组合大致经历了从"简"到"繁"，又从"繁"到"简"的循环发展过程，不少古茶具已因茶事变革而被后人摒弃，上文所介绍的五类茶具，只是现在仍活跃在茶事中的常见茶具。随着我国茶业的发展，这些茶具的组成还会不断地变化。

知识小百科

茶具的分类

中国茶具是随着中华民族的饮茶实践、社会发展而不断创新、变化、完善起来的。按用途可以将茶具分为以下几类：

生火用具：即燃具类，如风炉等。

煮茶用具：即煮水类茶具，如茶铛、茶釜、茶铫。

制茶用具：如茶碾、罗合。

量辅用具：即置茶类物品，如茶匙、茶则。

贮水用具：即贮水类器物，如水方。

调味器具：如盛盐罐。

泡茶用具：如紫砂壶、盖碗杯等。

饮茶用具：如茶碗、茶盅、茶杯等。

清洁用具：如滓方涤方、茶帚等。

贮物器具：如具列、都篮。

此外，茶具有广义和狭义之分。狭义上的茶具是指泡饮时直接在手中运用的器物，具有必备性、专用性的特征，而广义上的茶器则可包括茶几、茶桌、座椅及饮茶空间的各种陈设物。

茶具的选配

俗话讲"好茶需有妙器配"，人们在实践中逐渐发现茶具的选择得当与否，与泡茶、品茶的效果密切相关，所以茶具的选配也是泡好茶的关键因素，这正所谓"器为茶之父"。

在饮茶过程中，人们的意识、理念以及中华民族的文化艺术不断渗入茶事，茶饮生活也逐渐雅化，从而使人们对茶器具提出了典雅、质朴、精美等审美的要求，这也是人们选择茶具的一个重要标准。从古到今，凡是讲究品茗情趣的人，都崇尚意境高雅，强调"壶添品茗情趣，茶增壶艺价值"。

以"色泽"选配茶具

在中国古代，人们非常注重茶叶的汤色，并以此作为茶具选配的标准。唐代茶人们喝的都是饼茶，这种茶的茶汤呈淡红色。当这种茶汤倒入瓷质茶具之后，汤色就会因瓷色的不同引起变化。当时邢州生产的白瓷，会使茶汤变为红色；洪州生产的褐瓷，会使茶汤显出黑色；寿州生产的黄瓷，会使茶汤呈为紫色，因此，这些茶具都不宜选择。而越州的瓷为青色，倾入淡红色的茶汤，会呈显出赏心悦目的绿色，所以当时的雅士品茶都选择越州瓷茶具。陆羽更是从茶叶欣赏的角度，提出了"青则益茶"，认为以青色越瓷茶具为上品。

宋代，饮茶风俗逐渐由煎茶、煮茶发展

为点茶、分茶，此时茶汤的色泽已经接近白色了。而唐代所推崇的青色茶碗无法衬托出茶的"白"色。所以，此时的茶碗已改为茶盏，而且对盏色也有了新的要求。当时，茶盏的选配原则是以黑色和青色为贵，认为黑釉茶盏才能反映出茶汤的色泽。元明时期，人们由饮团茶改为饮散茶，饮用的芽茶，茶汤已由宋代的白色变为黄白色，这样对茶盏

◆ 宋代建州窑黑釉茶盏

的要求不再是黑色了，而是白色。所以白色茶盏又成为人们的首选茶具，如明代的屠隆

就认为茶盏"莹白如玉，可试茶色"。

以"韵味"选配茶具

自明代中期以后，随着茶壶和紫砂茶具兴起，茶汤与茶具色泽不再有直接的对比与衬托关系。这样，人们对茶具特别是对茶壶的色泽，不再给予较多的注意。到了清代，茶具品种逐渐增多，其中又融入了诗、书、画、雕等艺术，从而把茶具制作推向新的高度，这使人们对茶具的种类与色泽、质地与式样，以及茶具的轻重、厚薄、大小等，提出了新的要求。

一般来说冲泡西湖龙井、洞庭碧螺春、庐山云雾茶等名优绿茶，可用玻璃杯直接冲泡。因为玻璃材料密度高，硬度亦高，具有很高的透光性，可以看到杯中轻雾缥缈，茶汤澄清碧绿。杯中的芽叶嫩匀成朵、亭亭玉立、旗枪交错、上下浮动、栩栩如生。

黄山毛峰茶虽然是绿茶中的名品，但是黄山毛峰茶和龙井茶、碧螺春茶相比，冲泡水温要稍高些，浸润时间需长些，因此茶具最好选择瓷质盖碗杯。但不论冲泡何种细嫩名优茶，杯子宜小不宜大。因为杯大则水量多，热量大，会使茶芽泡熟，而不能直立，失去观赏效果。

冲泡红茶宜用的茶具是瓷质盖碗杯或紫砂茶具，其中以白瓷质地为佳，因为红茶冲泡后，白瓷杯衬托其红艳的汤色，具有较高的观赏价值。此外，为保香则可选用有盖的杯、碗或壶泡花茶；饮乌龙，重在闻香啜味，宜用紫砂茶具冲泡；饮用红碎茶或工夫茶，可用瓷壶或紫砂壶冲泡，然后倒入白瓷杯中饮用；此外，冲泡红茶、绿茶、乌龙

◆ 青花瓷茶盏

茶、白茶、黄茶，使用盖碗，也是可取的。

一般而言，重香气的茶叶要选用硬度较高的瓷质壶、瓷质盖碗杯或玻璃杯。这类茶具散热速度快，泡出的茶汤较为清香。重滋味的茶要选用硬度较低的壶来泡，像乌龙茶，还有外形紧结、枝叶粗老的茶以及云南的普洱茶，可以选用陶壶、紫砂壶进行冲泡。

延伸阅读

因人而异的茶具选配之道

茶具的选配讲究因人而异，这在古代表现的尤为突出。在陕西扶风法门寺地宫出土的茶具表明，唐代皇宫贵族选用金银茶具、秘色瓷茶具和琉璃茶具饮茶。而清代的慈禧太后对茶具更加挑剔，她喜欢用白玉作杯、黄金作托的茶杯饮茶。历代的文人墨客，也都特别强调茶具的"雅"。现代人饮茶时，对茶具的要求虽然没那么严格，但也根据各自的饮茶习惯，结合自己对壶艺的要求，选择最喜欢的茶具。当宾客登门时，总想把自己最好的茶具拿出来招待客人。另外，职业、年龄以及性别不同，对茶具的要求也不一样。如老年人讲究茶的韵味，多用茶壶泡茶；年轻人以茶会友，要求茶叶香清味醇，多用茶杯沏茶。男人习惯于用较大素净的壶或杯斟茶，女人爱用小巧精致的壶或杯冲茶等等。

茶具的起源

中国茶具可谓源远流长，自从茶被发现以来，由于各个历史时期人们利用茶的方式不同，与之相随的器具也发生了相应的变化；从功能多样的"早期茶具"到频繁用于饮茶的饮食器具，再到具有审美情趣的专用茶具。

早期的茶作为一种食物而存在，因此当时的茶具只是一种饮食器具，而中国饮食器具的历史久远。据考古发掘证明，现存最早的饮食器具是在新石器时代，这一时期的陶器门类众多，有碗、钵、豆、壶、罐等。这些陶器并不具备某种专门的功能，即使就饮食说，也没有我们所想的那么严格，因此其用途很多。

用途多样的"早期茶具"

茶具与饮茶是密切相关的，很多史料

◆ 卷草纹鹧鸪斑茶盏

和实物证明，饮茶是在秦汉之际才出现的。魏晋时期则是我国茶文化的萌芽时期，茶的

利用在当时是诸多方式并存的，如食用、药用、饮用等，但其饮料的功能已上升为主导地位。此外，据《广陵耆老传》载，晋代时集市上已经有专门卖茶为生的老婆婆了，而且"市人竞买"，生意十分红火。由此也可以看出饮茶在当时的普及程度。

按照事物的发展规律，饮茶器具也应当在茶成为饮料之后出现。不过，茶从被利用到发展为单纯的饮料是一个十分漫长的过程。在这一段时期内，茶都是食用、药用以及饮用的混合利用形式。即使到了晋代，茶作为饮品已经基本固定下来了，但是专用茶具并没有随着饮茶的普及而出现。

由于缺乏相应的历史资料，当时饮茶器具的在史书之中只有零星的记载。如《三国志》有一段关于"赐茶荈以当酒"的记录，这已经说明当时的茶从表面看应该类似于酒，而酒杯可以兼用作茶具。另据唐代杨晔《膳夫经手录》记载，茶类似于蔬菜。因此，专用茶具在那时就没有产生的必要了。从一般的生活常识而言，在饮食器物品种较少、数量有限的情况下，明显的分工是不可

◆ 粉彩茶壶

能的，加以茶文化在当时还处于萌芽阶段，茶还不是人们日常生活的一部分，专用茶具是不可能出现的。

"早期茶具"向专业茶具的过渡

随着饮茶的日渐普及，部分饮食器具已经越来越频繁地被用于饮茶。此外，文献中关于饮茶用具的资料也渐渐增多。如汉宣帝时，王褒所作《憧约》中有"烹茶尽具"的句子，近代在浙江湖州一座东汉晚期墓葬中发现了一只高33.5厘米的青瓷瓮，瓷瓮上面书有"茶"字。近年来，在浙江上虞又出土了一批东汉时期的瓷器，内中有碗、杯、壶、盏等器具。这些史料和出土文物表明，在晋以前，茶具还没有完全从饮食器具中分离出来。然而，随着茶由食用、药用向饮料的转变，一些饮食用具已经较为频繁地作为饮茶器具来使用，这就为饮器向茶具的过渡打下了基础。

专用茶具的确立

唐朝是中国政治、经济、文化的繁盛时期，随着生活水平的提高，人们在日常饮食上就会有更高的要求。在这一背景下，茶开始从饮食之中独立出来而成为一种放松精神的消费品。这也就要求饮茶的器具独立出来，而且还要具备饮茶情趣的作用。陆羽的《茶经》不仅对茶具的认识达到了相当水平，而且将茶具提到了文化的高度。因此，专用茶具不仅在唐代出现，而且发展稳定。到了安史之乱前后，唐朝的茶具不但门类齐全，而且开始讲究质地，并且因饮茶的不同而择器了，所以唐朝应该是中国专用茶具的确立时期。

第四讲　茶具知识——茗器盛馨海

精美的唐代茶具

唐代经济发达、茶业繁盛，同时也带动了制瓷业的发展，出土的大量金银茶具和瓷质茶具见证了唐代宫廷茶具的金碧辉煌、精致绝伦和民间茶具的简单质朴、小巧耐用。

唐代的饮茶之风更为流行，专用茶具也开始出现，如湖南长沙窑遗址出土了一批唐朝的茶具，其中很多底部都刻有"茶碗"字样，这是我国迄今所能确定的最早茶碗。唐代茶具的种类也很多，包括贮茶、炙茶、碾茶、罗茶、煮茶及饮茶茶具等。而且唐代的制瓷业也很发达，现今出土的诸多唐代茶具也证实了当时的茶具制作工艺的高超。尤其是越窑的青瓷茶碗受到"茶圣"陆羽和众多诗人的喜爱。

精美的宫廷茶具

唐代王室饮茶，注重礼仪、讲究茶器，这也直接促进了茶具制作工艺的发展。而且宫廷茶具的质地、造型、材料都极为讲究，是民间茶具所不能相比的。从文化的角度看，陆羽在《茶经》中也对茶具有严格的要求。陕西省扶风县法门寺地宫中出土的一套唐代宫廷茶具，可以说是对《茶经》有关茶具记载的最好的佐证，也使我们得以了解唐代宫廷茶具之精美，以及千余年前辉煌灿烂的茶具艺术。

经考古发掘，这批茶具大多在咸通九

年至咸通十年制成，是唐僖宗的专用茶具，封藏于873年岁末，距陆羽去世只有69年。出土茶具包括茶碾子、茶涡轴、罗身、抽斗、茶罗子盖、银则和长柄勺。除此之外，还有部分琉璃质的茶碗和茶盏以及盐台、法器等。地宫中还出土了两枚贮茶用的笼子，

◆ 法门寺出土的唐代金质茶具

一为金银丝结条笼子，一为飞鸿毬路纹婆金银笼子，编织都十分巧妙、精美。此外还有

一件鎏金银盐台更是独具匠心之作。本来是盛盐的日常生活用品，但它的盖、台盘、三足都设计为平展的莲叶、莲蓬，仿佛摇曳的花枝以及含苞欲放的花蕾，美不胜收。这套金碧辉煌、蔚为大观的金银、琉璃、秘色瓷茶具，是中国首次发现的唐代最全最高级的专用茶具，真实地再现了唐代宫廷茶具的豪华奢侈。

朴素的民间茶具

唐代民间使用的茶具以陶瓷为主，茶具配套规模较小，主要有碗、瓯、执壶、杯、釜、罐、盏、盏托、茶碾等数种。

碗作为唐时最流行的茶具，造型主要有花瓣型、直腹式、弧腹式等种类，多为哆口收颈或敞口腹内收。晚唐，制瓷工匠创造性地把自然界的花叶瓜果等物经过概括，保留其感动、形象的特征，运用到制瓷业中，从而设计出葵花碗、荷叶碗等精美的茶具。

瓯是中唐以后出现并迅即风靡一时的越窑茶具新品种，是一种体积较小的茶盏。这种敞口斜腹的茶具，深得诗人皮日休的喜爱。他在《茶瓯》中说尽了溢美之辞："邢客与越人，皆能造瓷器。圆如月魂堕，轻如云魄起。枣在势旋跟，苹沫香沾齿。松下时一看，支公亦如此。"

执壶又名注子，是中唐以后才出现的，由前期的鸡头壶发展而来。这种壶多为哆口，高颈，椭圆腹，浅圈足，长流圆嘴，与嘴相对称的一端还有泥条黏合的把手，壶身一般刻有花纹或花卉动物图案，有的还留有铭文，标明主人或烧造日期。

茶杯、盏托，茶碾等物，在越窑中也

常见，这类瓷器在釉色、温度、形状和彩饰上均较好地体现了当时越窑的制作工艺和烧造水准。

知识小百科

著名的唐代"七窑"

越窑，窑址位于今浙江上虞、余姚等地，是中国古代著名的青瓷窑，当时茶具主要有碗、瓯、执壶、杯、釜、罐、盏、盏托、茶碾等数种。

邢窑，窑址位于今河北任丘，以白瓷著名，瓷器胎薄，玉璧底，色泽纯洁，造型轻巧精美，有"圆如月，薄如纸，洁如玉"的美誉。

岳州窑，窑址分布在今湖南湘阴的窑头山、白骨塔和窑滑里一带。

鼎州窑，窑址在今陕西铜川市黄堡镇，是宋代名窑耀州窑的前身，以生产青瓷为主。

婺州窑，窑址在今浙江金华、兰溪、永康一带，其产品和造型受越窑影响较大。

寿州窑，窑址在今安徽淮南市的上窑镇、徐家圩和李嘴子一带，著名产品为"鳝鱼黄"。

洪州窑，窑址在今江西丰城曲江、石滩、郭桥、同田乡一带，以生产茶碾轮和盘心圈状凸起的茶盏托著称。

奢侈的宋代茶具

宋代斗茶之风盛行，饮茶的世俗化风气较浓，这也使得茶具的艺术性部分丧失，甚至沦为朝廷和士大夫阶层炫耀豪富的工具。这一时期，建州窑的茶盏较为流行。

宋代文人的生活非常优越，但那种报国无门的痛苦却比任何朝代都要强烈，因此他们开始寻求精神上的满足，以营造精巧雅致的生活氛围来满足自我，而饮茶恰恰满足了他们的这一要求。在文人与皇帝的参与下，宋代饮茶之风达到了巅峰之境。但是宋代茶风，过于追求精巧，这也导致了宋人对茶质、茶具以及茶艺的过分讲究，从而日趋

◆ 宋代湖田窑茶具

背离了陆羽所提倡的自然饮茶原则。

斗茶之风对茶具的影响

从现存资料来看，宋人饮用的大小龙团仍然属于饼茶，所以现存的宋代茶具与唐茶具相比并没有明显的差异。但在饮茶方法上，宋与唐则大不相同，最大的变化是宋代的点茶法取代煎茶法而成为当时主要的饮茶方法。同时，唐代民间兴起的斗茶到了宋代也蔚然成风，由此衍生出来的分茶也十分流行。这种点茶法以及斗茶、分茶的风气极大地影响了宋代茶具的发展。

宋人为达到斗茶的最佳效果，极力讲求烹渝技艺的高精，对茶水、器具精益求精，宋人改碗为盏，因为它形似小碗，敞口，细足厚壁，以便于观看茶色，其中著名的有龙泉窑青釉碗、定窑黑白瓷碗、耀州窑青瓷碗。为了便于观色，茶盏就要采用施黑釉者，于是建盏成了最受青睐的茶具。其中，产在建州(今福建建阳一带)的兔毫盏等，更被宋代茶人奉为珍品。因为茶盏的黑釉与茶汤的白色汤花相互映衬，汤花咬盏易于辨别，正是这样的特点，宋人斗茶必

◆ 宋代建州窑茶盏

勿惊午盏兔毫斑"、梅尧臣"兔毛紫盏自相称,清泉不必求虾蟆"等。

此外,宋代上层人物极力讲求茶具的奢华,以金银茶具为贵的奢靡之风气很浓。如蔡襄的《茶录》和宋徽宗的《大观茶论》对茶具的质地有极高的要求,认为炙茶、碾茶、点茶与贮水必须用金银茶具,用来表现茶的尊贵高雅。据史料记载,宋代还有专供宫廷用的瓷器,普通人不许使用。在宋代,这种奢靡之风已经蔓延全国,一些价值百金甚至千金的茶具成为士大夫们夸耀门庭的摆设。

用"建盏"。可见,斗茶对宋代茶具的巨大影响。

宋代茶具的特点

建州窑所产的涂以黑釉的厚重茶盏称建盏。建盏品种不多,造型也很单一,但其特别注重色彩美。因为建盏并非是单调呆板的黑色,而是黑中有着美丽的斑纹图案,即《茶录》和《大观茶论》中所说的黑釉中隐现的呈放射状、纤长细密如兔毛的条状毫纹的"兔毫斑"这使的本来黑厚笨拙的建盏显得精致而又极富动感。

从现存资料与实物来看,建盏受欢迎的原因主要是其适于斗茶。拿兔毫盏来说,其釉色纷黑,与茶汤的颜色对比强烈,加上胎体厚重、保温性强,使茶汤在短时间内不冷却,同时又不烫手,受欢迎就是很正常的了。此外,建盏在外观上也独具匠心。其敞口如翻转的斗笠,面积大而多容汤花。在盏口沿下有一条明显的折痕,称"注汤线",是专为斗茶者观察水痕而设计制造的。因建盏特别是兔毫盏备受推崇,宋代诗文里也有很多赞美之词,如苏轼"来试点茶三昧手,

简约的元明茶具

元代泡饮散茶风行，人们开始崇尚简约、自然的茶具。在这种风气的影响下，明代对茶具进行了较大规模的改进和创新，为中国茶文化和茶具艺术的历史写下了浓重的一笔。

从饮茶方式上看，元代是一个过渡的时期，在当时虽然还有点茶法，但泡茶法已经较为普遍。这种饮茶方法的变革直接影响了元代茶具，部分点茶、煎茶的器具逐渐消失，在内蒙古赤峰出土的元代墓穴中的烹茶图中已经见不到茶碾。从制瓷的历史来看，元代茶具以瓷器为主，尤其是白瓷茶具有不凡的艺术成就，把茶饮文化及茶具艺术的发展推向了全新的历史阶段。元代不到百年的历史使茶具艺术从宋人的崇金贵银、夸豪斗富的误区中走了出来，进入了一种崇尚自然、返璞归真的茶具艺术境界，这也极大地影响了明代茶具的整体风格。

朱权对茶具变革的影响

明代宁王朱权强调饮茶是表达志向和修身养性的一种方式。为此，朱权在其所著《茶谱》中对茶品、茶具等都重新规定，摆脱了此前饮茶中的繁杂程序，开启了明代的清饮之风。这使得明代的茶具发生了一次大变革。

因明代冲泡散茶的兴起，唐、宋时期的炙茶、碾茶、罗茶、煮茶器具成了多余之

物，而一些新的茶具品种脱颖而出。明代对这些新的茶具品种是一次定型，从明代至今，茶具品种基本上没有多大变化，仅茶具式样或质地稍有不同。另外，由于明人饮的是条形散茶，贮茶、焙茶器具比唐、宋时显得更为重要。而饮茶之前，用水淋洗茶，又是明人饮茶所特有的，因此就饮茶全过程而言，当时所需的茶具并不多。明高镰《遵生八笺》中列了16件，另加总贮茶器具7件，

◆ 元代黑瓷茶盏

合计23件。明代张谦德的《茶经》中专门写有一篇"论器"，提到当时的茶具也只有茶焙、茶笼、汤瓶、茶壶、茶盏、纸囊、茶

洗、茶瓶、茶炉8件。

白色茶盏的兴起

宋代的斗茶到明已经基本绝迹，而为斗茶量身定制的黑盏自然就不再符合时代的要求。白色茶盏再一次大受青睐。这是因为

◆ 青花瓷茶盘

明人的泡茶与唐宋的点茶不同，所注重的不再是茶色的白，而是追求茶的自然本色（明代饮用的茶与现代炒青绿茶相似的芽茶，所以当时所讲的自然之色即绿色），绿色的茶汤，用洁白如玉的白瓷茶盏来衬托，更显清新雅致、悦目自然，而黑盏显然不能适应这一要求。此外，人们在饮茶观念、审美取向上也发生了较大的变化。如张谦德《茶经》："今烹点之法与君谟不同。取色莫如宣定，取久热难冷莫如官哥。向之建安盏者，收一两枚以备一种略可。"就指出了随着饮茶方式的改变，人们的审美情趣也发生了变化。

明代茶具的创新

由于饮茶方式的改变，明代的茶具与唐宋相比也有许多创新之处。

其一，贮茶器具的改良。许次纾《茶疏》中有较为具体的说明："收藏宜用瓷瓮……四围厚著，中则贮茶……茶须筑实，仍用厚薯填紧瓮口，……勿令微风得入，可以接新。"

其二，洗茶器具的出现。其目的是为

了除去茶叶中的尘滓，洗茶用具一般称为茶洗，质地为砂土烧制，形如碗，中间隔为上、下两层，然后用热水淋之去尘垢。

其三、烧水器具主要是炉和汤瓶。炉有铜炉和竹炉，铜炉往往铸有夔臀等兽面纹，明尚简朴。竹炉则有隐逸之气，也深得当时文人的喜爱。

其四，茶壶的出现。明代茶壶不同于唐宋用于煎水煮茶的注子和执壶，而是专用于泡茶的器具，这只有在散茶普及的情况下才可能出现，明人对茶壶的要求是尚陶尚小。

除茶壶外，茶盏也有所改进，即在原有的茶盏之上开始加盖，现代意义上的盖碗正式出现，而且成为定制。

综上所述，元明的茶具出现了返朴归真的倾向，而明人茶具在注重简约的同时，也对茶具进行了改进和发展，甚至影响到今天茶具的形制。

知识小百科

明代的"景瓷"

景瓷始于汉而兴于唐、宋、元，盛于明。景瓷胎白细致，釉色光润，具有薄如纸、白如玉、声如磬、明如镜的特点，是不可多得的艺术品，以至"成杯一双，值十万钱"。明代人把这种洁白光亮的白瓷称"填白"，陶瓷史上称"甜白"。景瓷中的青花瓷茶具，更因淡雅滋润，成为国内外茶人的珍赏，而且还作为友谊的使者，远销国外。特别是在日本，因享有"茶汤之祖"美誉的珠光特别喜爱这种茶具，而把它定名为"珠光青瓷"。明代景瓷业的生产繁荣，在原有青白瓷的基础上，先后创造了各种彩瓷，用来装饰茶具的钧红、祭红和郎密红等名贵色釉纷纷出现，使得明代景瓷呈现出造型小巧、胎质细腻、色彩艳丽的特点，成为艺术珍品。

兴于明的紫砂壶

明代茶具以淡、雅为宗旨，而紫砂壶正好迎合了文人的审美意向，逐渐被人们接受，进入了快速发展期。同时，以铭款为代表的明代紫砂壶艺术，也使茶壶艺术开始向工艺品转化。

关于紫砂壶的起源，明人周高起的《阳羡名壶系》中有这样的记载：相传金沙寺僧是第一个把紫砂泥从一般的陶泥中分离出来的人，此前紫砂泥一直与陶土被视为低档原料，只用来制作水缸之类的日用陶器。金沙寺僧不是陶工，所以成型工艺没有采用陶业常用的工艺手段，而是另辟蹊径。所以，金沙寺僧是当之无愧的紫砂壶创始人。但是，这只是传闻而已。

紫砂陶器的历史可以追溯到宋代，但在当时并没有引起人们的关注，紫砂茶壶真

◆ 时大彬款壶

正得到发展是在明代后期。正德、嘉靖时开始出现了名家名作。到万历以后，随着李茂林、时大彬、徐友泉、李仲芳、陈仲美、惠

孟臣等制壶名家的出现，紫砂壶的制作工艺和造型艺术有了突飞猛进的发展。

紫砂壶兴起的原因

紫砂壶泡茶具有其他陶瓷所不具备的优点。长期的实践证明，紫砂壶泡茶不失原味，不易变质，内壁无异味，而且能耐温度急剧变化，烹煮、冲泡沸水都不会炸裂，而且传热慢不烫手，非常适于泡茶。如文震亨《长物志》中所说："壶以砂者为上，盖既不夺香，又无熟汤气。"

紫砂壶的兴起还有其社会原因。明代末期，皇帝怠政、政治黑暗，文人士大夫在现实面前深感无力，从而走上独善其身的道路，再加上王阳明"心学"的流行，文人士大夫一方面提倡儒学的中庸之道，尚礼尚简，同时推崇佛教的内敛、喜平、崇定，并且崇尚道家的自然、平朴及虚无。这些思想倾向与人生哲学反映在茶艺上，除了崇尚自然、古朴，又增加了惟美情绪，对茶、水、器、寮提出了更高的要求，而紫砂壶适应了这种审美心理，得以大行其道。此外，明代散茶大兴，而且制茶工艺有所改进，出现了

发酵茶类，这自然对茶具有新的要求，紫砂茶具便是在这种背景下逐渐被人们接受的。

明代紫砂壶艺术

紫砂壶艺术最为典型的是陶壶铭款，艺术价值非常高。明清时期最为有名的制壶大师是时大彬。时大彬，明万历至清顺治年间人，是宜兴紫砂艺术的一代宗匠。他对紫砂陶的泥料配制、成型技法、造型设计与铭刻都极有研究，确立了至今紫砂壶制作所沿袭的制壶工艺。他的早期作品多模仿龚春，后根据文人饮茶习尚改制小壶，被推崇为壶艺正宗。据史料记载，时大彬为自己所制壶镌款，最初是请擅长书法的人先以墨写在壶上，然后自己用刀来刻。后来，自己直接书写再下刀镌刻，因为时大彬所镌款识具有独特的艺术风格，许多人争相模仿，可见紫砂壶是明代茶文化的一个重要象征，尤其是时大彬所制壶更具有符号化的特征。

明代文人饮茶崇尚自然、精致，因此紫砂壶也讲究小巧、朴实。冯可宾《齐茶录》说："茶壶以小为贵。"周高起《阳羡名壶系》说："壶供真茶，正在新泉活火，旋渝旋吸，以尽色声香味之蕴。故宜壶宜小不宜大，宜浅不宜深，壶盖宜盎不宜低。"

综上所述，明代的紫砂茶具获得了极大的发展，无论是色泽和造型、品种和式样，都进入了穷极精巧的新时期。而它的质地、造型更是迎合了当时文人的审美时尚，并在文人士大夫的影响下开始向工艺品转

◆ 宜兴紫砂壶

化，使其自身的艺术价值不断提高，经历百年而不衰。

盛于清的文人壶

起源于宋、兴盛于明的紫砂茶具，到了清代进入鼎盛时期。尤其是壶制艺术与文人结缘的产物——"文人壶"的出现，使茶壶脱离了实用器皿的束缚，自身具备了独立的精神内涵，实现了器与道的统一。

紫砂壶是清代最为流行的茶具，其经历了明代的发展，在此时已达到巅峰。尤其是文人的参与，则直接促进了其艺术含量的提高。

"文人壶"的出现

文人壶的创制标志着紫砂茶具发展到了极致，紫砂茶具不但成了茶文化的载体之一，而且本身的艺术内涵也取得了前所未有的进步，对紫砂茶具的评价不再是仅从形状、风格等方面，镌刻在上面的诗歌、书法以及绘画也同样受到重视。清代制壶名家陈鸣远最先开始探索紫砂壶的风格创新，迈出了文人壶的第一步。

陈鸣远，名远，号壶隐、鹤峰、鹤邨，主要生活在康熙年间，江苏宜兴人。生于制壶世家，陈鸣远技艺精湛，雕镂兼长，善翻新样，富有独创精神，堪称紫砂壶史上技艺最为全面精熟的名师。

陈鸣远的艺术成就主要表现在两个方面：一是取法自然，做成几乎可以乱真的"象生器"，使得自然类型的紫砂造型风靡一时，此后仿生类作品已逐渐取代了几何型

与筋纹型类作品；二是在紫砂壶上镌刻富有哲理的铭文，增强其艺术性。陶器有款由来已久，但将其艺术化是陈鸣远的功劳。而陈鸣远的款识超过壶艺，其现存的梅干壶、束柴三友壶、包袱壶以及南瓜壶等，集雕塑装饰于一体，情韵生动，匠心独具，其制作技艺登峰造极。

"文人壶"的初兴

自陈鸣远开创"文人壶"之后，陈曼生、杨彭年等潜心研究，不入俗流，使紫砂

◆ 陈鸣远款壶

壶艺术得到进一步升华，他们将壶艺与诗、书、画、印结合在一起，创制出风格独特、意蕴深邃的文人壶，至今仍旧影响深远。

◆ 陈曼生款壶

陈曼生，名鸿寿，字子恭，浙江杭州人，主要生活在嘉庆年间，清代著名的书法家、画家、篆刻家、诗人，是当时著名的"西泠八家"之一。他酷爱紫砂，结识了当时的制壶名家杨彭年、杨凤年兄妹，他以超众的审美能力和艺术修养，"自出新意，仿造古式"，设计了众多壶式，交给杨氏兄妹制作，后人也把这种壶称"曼生壶"。

陈曼生为杨彭年兄妹设计的紫砂壶共有18种样式，即后来所谓的"曼生十八式"。陈曼生仿制古式而又能自出新意，其主要特点是删繁就简，格调苍老，同时在壶身留白以供镌刻诗文警句。陈曼生也曾经在紫砂壶上镌刻款识详述自己嗜茶之趣，以及饮茶变迁，这些文字甚至可以当作一篇意味隽永的散文小品来欣赏，从中透露出清代文人的散淡心绪。这种生活趣味同时也体现在紫砂壶中，也就是所谓的文人壶。

"文人壶"的繁盛

自"文人壶"开创了文人与工匠合作制壶的新局面后，文人、书画家们纷纷合作，使紫砂壶艺术达到了一个更高的境界。紫砂壶在当时也大受欢迎，烧造数量惊人，这是我国历史上文人加盟制壶业最成功范例。

这一时期的书画家如瞿应绍、邓符生、邵大亨以及郑板桥等人也都曾为紫砂壶题诗刻字。有"诗书画三绝"之称的瞿应绍与擅长篆隶的邓符生联合造的紫砂壶曾名动一时。郑板桥则在自己定制的紫砂壶上题诗说："嘴尖肚大耳偏高，才免饥寒便自豪。量小不堪容大物，两三寸水起波涛"，也算是讽世之作。道光、同治年间的邵大亨创制的鱼龙化壶，龙头和龙舌都可以活动。他还以菱藕、白果、红枣、栗子、核桃、莲子、香菇、瓜子等18样吉祥果巧妙地组成一把壶式。这些都是"文人壶"的经典之作。

总之，清代紫砂茶具不但继承了明代的辉煌而且又有很大的发展，尤其是文人与制壶名匠的合作开辟了紫砂壶茶具的新天地。

清代的瓷质茶具

清代是中国瓷茶具发展史上的黄金时期，此时以景德镇为代表的制瓷业飞速发展，创制了精美的青花瓷茶具，开创了清代文人的"文士茶"情结。

清代除了紫砂茶具得到了极大发展之外，瓷茶具也在技术上臻于成熟。经过明末清初短时间的衰落后，瓷器生产很快得以恢复，康、雍、乾三朝是我国瓷器发展的最高峰。康熙瓷造型古朴、敦厚，釉色温润；雍正瓷轻巧媚丽，多白釉；乾隆瓷造型新颖，制作精致。此后，随着饮茶的日益世俗化，民间的茶具生产渐趋繁荣。

清代的瓷质茶具从釉彩、纹样以及技法等几个方面都有较大发展。在釉彩方面，

泛，或以花草树木，或以民间风习，或以历史故事作为绘制的内容。就技法来说，或用工笔，或用写意，内容丰富，技法也极为精湛，这都表明了清代瓷茶具的生产进入了黄金期。

鼎盛的瓷茶具产业

清代瓷业的烧造，以景德镇为龙头，福建德化、湖南醴陵、河北唐山、山东淄博、陕西耀州等地的生产也蒸蒸日上，但质量和数量不及景德镇，清代景德镇发展最辉

◆ 瓷茶具

清代创造出很多间色釉，这使得瓷绘艺术更能发挥出其独具的装饰特点。据乾隆时景德镇所立"陶成记事碑"载，当时掌握的釉彩就已达57种之多。就纹样说，清瓷取材广

煌时从业人员达万人，成为"二十里长街半窑户"的制瓷中心，更有人用"昼则白烟蔽空，夜则红焰烛天"来形容景德镇瓷业的繁盛。此外，清代官窑生产成就也不小。清官

中华文化公开课

茶文化十二讲

窑可分御窑、官窑和王公大臣窑三种，在景德镇官窑中，"藏窑"、"郎窑"、"年窑"影响较大。

蒸蒸日上的清代瓷业，为瓷茶具烧制提供巨大的物质和技术支持。而清代对外贸易的主要产品就是茶和茶具，这也形成了巨大的外部需求，但是最为主要的是饮茶的大众化和饮茶方法的改变。因为清代的茶类，除绿茶外，还出现了红茶、乌龙茶等发酵型茶类，所以在色彩等方面对茶具提出了更高的要求，这些都刺激了瓷茶具的迅速发展。

精美的青花瓷茶具

青花瓷茶具是清代茶具的代表，它是彩瓷茶具中一个最重要的花色品种。它创始于唐，兴盛于元，到了清朝则发展到顶峰。景德镇是中国青花瓷茶具的主要生产地。据史料载，明代景德镇所产瓷器，就已经精致绝伦。但是到了清代，青花瓷茶具又进入了一个快速发展期，它超越前代，影响后代。尤其是康熙年间烧制的青花瓷器，史称"清代之最"。清代陈浏在《陶雅》中说："雍、乾之青，盖远不逮康窑"。此时，青花茶具的烧制以民窑为主，而且数量非常可观，这一时期的青花茶具被称之为"糯米胎"，其胎质细腻洁白，纯净无暇，有似于糯米，可见清代在陶瓷工艺上的精妙和高超。

"文士茶"情结

清代文人特别注重对品茗境界的追求，从而将茶具文化带进一个全新的发展阶段。他们既钟情于诗文书画，又陶醉于山涧清泉、听琴品茗，从而形成了精美的"文士

◆ 白瓷茶壶

茶"文化。《红楼梦》中关于妙玉侍茶的一段话，就反映了人们的"文士茶"情结。作者通过塑造妙玉离世绝俗的高傲性格，说明茶具实际上已经在某种程度上脱离茶而单独存在了。此外，中国文人自古都有好古之风，以至于饮茶都是器具越古越好，茶反而退居其次。因此，清代的茶具不再追求高贵奢华，文人们更重视是它的文化内涵。

知识小百科

瓷器茶具的品种

瓷器茶具的品种主要有：青瓷茶具、黑瓷茶具、白瓷茶具、彩瓷具。

青瓷茶具，浙江龙泉青瓷最有名，这种茶具不但具有瓷器茶具的众多优点，而且色泽呈青翠，用来冲泡绿茶，更有益汤色之美。

黑瓷茶具，创始于晚唐，在宋达到顶峰，这是因为黑瓷茶具适用于宋代斗茶，元代则开始走向衰落，到了明、清更是日渐式微。

白瓷茶具，适合冲泡各类茶叶，所以，使用最为普遍。加之白瓷茶具造型精巧，装饰典雅，其外壁多绘有山川河流，四季花草，飞禽走兽，人物故事，或缀以名人书法，颇具艺术欣赏价值。

彩瓷茶具，其品种花色很多，尤以青花瓷茶具最引人注目。它的特点是：花纹蓝白相映，色彩淡雅，幽菁、可人。

独特的壶具铭文

壶具铭文是一种独特的文学形式。它是以极简练的字句，镌刻于壶上，融书法、篆刻和文学于一体，其中蕴藏着无数哲理，展现了中国茶具艺术的绝妙之处。

中国的制壶刻铭发端于元代，元人蔡司霑在《寄园丛话》中提到："余于白下获一紫砂罐，镌有'且吃茶清隐'草书五字，知为孙高士遗物，每以泡茶，古雅绝伦"。文中的孙高士即孙道明，号清隐。他在元代生活了七十一年，因长期隐居不出，人们称他为高士，他也是我国历史上在壶上撰写壶铭的第一个文人。

纵观中国的历代壶铭，主要有壶外铭、壶底铭、壶身铭三种。其中壶外铭不在壶上书写，而是散见于文人的笔记、绘画、诗歌中。壶底铭、壶身铭则是书写于壶面之上，是在壶的泥质未干之前用钢刀或竹刀所刻。它不但切合壶体形状，而且讲究书法和词藻的优美，其中还蕴涵深刻的哲学意义。所以，鉴赏壶铭除了鉴别壶的作者或题诗镌铭的作者之外，更为重要的是欣赏题词的内容、镌刻的书画、还有印款(金石篆刻)。

陈铭远的壶铭艺术

清代著名壶家陈鸣远是我国的壶铭艺术大师，他的文化造诣很深，其书法也有晋唐风格。他所创制的南瓜壶，很像是一只矮圆南瓜，顶小底大，壶盖则恰好是一只瓜蒂。壶身一侧的壶嘴上贴附着几片瓜叶，实现了壶与瓜的自然过渡。另一侧的壶把做成一根瓜藤，围成半环状，藤上显出丝丝筋脉。壶面所刻铭文"仿得东陵式，盛来雪乳香"，可见此壶并非仅仅为仿造南瓜，而是更有深意。

铭文中的"东陵式"就是"东陵瓜"。

◆ 陈鸣远制壶底的款铭

中华文化公开课 · 茶文化十二讲

◆ 杨彭年制壶的款铭

这里有一个典故，汉时有一个人叫召平，原来本是秦始皇时期的东陵侯，他性格清高，不入俗流，安贫乐道，秦朝灭亡之后，他沦为平民，在长安城东以种瓜为生，他种的瓜有五色，而且味道甜美。陈鸣远仿东陵瓜制造此壶，其中就有崇尚召平的人格之意。

陈鸣远的松竹梅树桩壶，造型别致。壶身形似一棵竹桩，由松枝、竹干和梅桩组成，壶嘴形似梅花枝干，拦腰用藤柴紧束，还有数朵梅花绽开在壶身。壶盖形如竹节，最为相映成趣的是壶身还盘踞着两只活泼可爱的小松鼠，极富生态。壶底铭为："清风撩坚骨，遥途识冰心。鸣远。"这把壶的整体造型，可谓匠心别具，妙趣横生。壶底铭文，既点出了"三友"的浩然正气，又道明了此壶的内涵，堪称其"绝世之作"。

壶铭的美学境界

壶具铭文是中国传统艺术的一部分，它具有"诗、书、画、印"四位一体的特点。所以，一把茶壶可看的地方除造型、制作工艺以外，还有文学、书法、绘画、金石诸多方面，能给赏壶人带来很多美的享受。

数百年来，壶铭增添了壶具的意境美。如杨彭年的竹段壶上有朱石梅的铭文："采春绿，响疏玉。把盏何人？天寒袖薄。石梅作"，其中"春绿"指茶，"疏玉"喻泉，"天寒袖薄"指佳人，意为美人为我煮泉烹茶。再如"径穿玲珑石，檐挂峥嵘泉，水许亦自注，昨来龙井边"、"古山泉，蒙顶叶，漱齿鲜，涤尘热"、"汲甘泉，瀹芳茗，孔颜之乐在瓢饮"、"梅雪枝头活火煎，山中人兮仙乎仙"、"采茶深入鹿麋群，自剪荷衣渍绿云。寄我峰头三十六，消烦多谢武陵君"、"一杯清茗，可沁诗脾"等，壶铭无不显现出茶壶艺术的清雅之美。

第五讲

茶艺精粹——灵境交相悦

多姿多彩的茶艺

茶艺是中华民族发明创造的具有民族特色的饮茶艺术，主要包括备器、择水、取火、候汤、习茶的一系列技艺和程式，是茶文化的重要组成部分。同时，茶艺也是饮茶生活的艺术化。

传说从前有一个茶艺师，有一天出去散步，恰好撞上一个剑客。这剑客很嚣张地说："咱俩明天比武吧？"茶艺师慌了，直奔城中最大的武馆，见到师傅就拜："我只是个茶艺师，遭遇强敌。求你教我一种绝招。"师傅笑了："你为什么不先给我泡一次茶呢？"茶艺师让人取来最好的山泉水，用小火一点一点地煮开，又取出茶叶，然后洗茶、滤茶、泌茶，一道一道，从容不迫，

最后他把这一盏茶捧到了师傅手里，师傅品了一口茶说："用你刚才泡茶的心去面对你的对手吧。"第二天比武时，他从容不迫、拿出绑带把自己的袖口、裤脚一一都绑好，最后解下腰带，紧一紧，整束停当，他从头到尾，一丝不苟、有条不紊收拾妥当，然后一直就这么笑笑地看着他的对手。那个剑客被茶艺师看得越来越毛，惶惑之极。到了最后的时候，那个剑客跪下了："我求你饶命，你是我一生中遇到的武力最高的对手。"由此可见，茶艺确实是一种很高的境界，而且这种境界也可用在生活的其他方面。

茶艺的渊源

中华传统茶艺，萌芽于唐代，发扬于宋代，改革于明朝，极盛于清代，而且自成系统。但它在很长的历史时期里却是有实无名。中国古代的一些茶书，如唐代陆羽《茶经》，宋代蔡襄《茶

◆ 茶艺备用的茶具

茶文化十二讲

录》、赵佶《大观茶论》，明代张源《茶录》、许次纾《茶疏》等，对茶艺记载都较为详细。纵观各类历史典籍，古代虽无"茶艺"一词，但零星可见一些与茶艺相近的词或表述。如"茶道"一词，并承认"茶之为艺"。其实古籍中所谓的"茶道"、"茶之艺"有时仅指煎茶之艺、点茶之艺、泡茶之艺，有时还包括制茶之艺、种茶之艺。所以，中国古代虽没有直接提出"茶艺"概念，但从"茶道"、"茶之艺"到"茶艺"仅有一步之遥。

茶人视域下的茶艺

"中华茶文化学会"创会理事长范增平认为茶艺可分成广义和狭义的两种。广义的茶艺，是研究茶叶的生产、制造、经营、饮用的方法和探讨茶业原理、原则，以达到物质和精神全面满足的学问。狭义的茶艺，是研究如何泡好一壶茶的技艺和如何享受一杯茶的艺术。著名茶人陈香白则认为，茶艺是人类种茶、制茶、用茶的方法与程式。随着时代之迁移，茶艺也以"茶"为中心，向外延展而成为"茶艺文化"系列。陈香白等将茶艺扩大到茶叶的各个领域，其茶艺文化相当于茶文化。茶界名人蔡荣章认为茶艺是饮茶的艺术。其讲究茶叶的品质、冲泡的技艺、茶具的玩赏、品茗的环境以及人际间的关系。丁以寿认为的茶艺，则是指备器、选水、取火、候汤、习茶的一套技艺。由此可见，关于茶艺的界定可谓见仁见智，在中国茶界也没有形成统一的标准。本章则依据习茶法，从煮茶茶艺、煎茶茶艺、点茶茶艺和泡茶茶艺来研究。

茶艺与茶俗

所谓茶俗，是指用茶的风俗，诸如婚丧嫁娶中的用茶风俗、待客用茶风俗、饮茶习俗等。中国地域辽阔，民族众多，饮茶历史悠久，在漫长的历史中形成了丰富多彩的饮茶习俗。茶俗是中华茶文化的构成方面，具有一定的历史价值和文化意义。茶艺重在茶的品饮艺术，追求品饮情趣。茶俗重在喝茶和食茶，目的是解决生理需要和物质需要。有些茶俗经过加工提炼可以上升为茶艺，但绝大多数的茶俗只是民族文化、民俗文化的一种。有些茶俗虽然也可以表演，但不能算是茶艺。

延伸阅读

茶艺表演

茶艺表演是在茶艺的基础上产生的，通俗讲是一个或几个茶艺表演者在舞台上演示茶艺的技巧，观众则在台下欣赏。从观赏的效果讲，因为台下的观众中只有少数贵宾或前边的观众有机会品到茶，其余的绝大多数人根本无法鉴赏到茶的色、香、味、形，更品不到茶的韵味，所以这种舞台式的表演称不上完整的茶艺，只能称为茶舞、茶技或泡茶技能的演示。但是，这种表演适用于大型聚会，在推广茶文化、普及和提高泡茶技艺等方面都有良好的作用，同时比较适合表现历史性题材或进行专题艺术化表演，所以具有很大的价值。随着茶文化事业的兴起，各种特色的茶艺馆和众多的茶文化盛会为茶艺表演的出现提供了平台。经过多年的实践，茶艺表演作为茶文化精神的载体，已经发展成为一种艺术形式，渐渐受到人们的关注。

历史悠久的煮茶法

茶叶是从生吃演变为煮饮的。到六朝时，中国先民仍然采用比较原始的煮茶法。直到唐代中期，煮茶才开始从粗放走向精细，特别是出现了陆羽煮茶法。此后，随着制茶技术的提高，煮茶法不再流行，而是作为一种支流形式保留在一些少数民族地区。

提起煮茶还有一段佳话。宋代人赵扑家境贫寒，经常夜宿在别人的屋檐下。一天早上，贤士余仁合见到他，便邀请他到家中。余仁合一向有乐善好施之名，他发现赵扑聪慧过人，便供养他读书求学，一直到赵扑得中进士踏上仕途。赵扑为了报答余仁合曾赠送许多金银财宝，还在皇上面前举荐他做官，但都被余仁合拒绝了。赵扑于是来到余仁合的家里，用陶土烧制成的粗瓷瓦壶，放进茶叶，把水煮开，用洁白瓷杯，沏满茶，恭恭敬敬地捧到余仁合面前。赵扑在余仁合家逗留三天日子里，天天早起晚睡，煮茶送水，伺候余仁合。余仁合深为感动地说："茶引花香，相得益彰，人逢知己，当仁不让"。从此后人便称之为"煮茶谢恩"。煮茶的历史很长，是我国最早的饮茶方法。直到今天，我国一些地区的煮茶之风依旧浓郁。

魏晋之前的煮茶之法

煮茶脱胎于茶的食用和药用。古代先民用鲜叶或干叶烹煮成羹汤，再加上盐等调味品后食用。茶的药用则是在此基础上，再加上姜、桂、椒、橘皮、薄荷等药材熬煮成汤汁饮用。关于煮茶的起源有比较明确文字记载的，是西汉末期的巴蜀地区，以此推测煮茶法的发明也当属于巴蜀人，时间则不会晚于西汉。

汉魏六朝时期，茶叶加工方式比较粗

◆ 古代煮茶图

◆ 早期的煮茶器具

放，因此茶叶的烹饮也很简单，源于药用的煮熬和源于食用的烹煮是其主要形式，同时还有羹饮，或是煮成茗粥。晚唐时期的皮日休的《茶中杂咏》就认为陆羽以前的饮茶，就如同喝蔬菜汤一样，煮成羹汤而饮。那时也没有专门的煮茶、饮茶器具，往往是在鼎、釜中煮茶，用食器、酒器饮茶。

唐代陆羽的煮茶之法

唐五代时期的饮茶延续了汉魏六朝时期的煮茶法。尤其是在中唐以前，煮茶法是主要的形式。其间"茶圣"陆羽在总结前人饮茶经验的基础上，并结合自己的亲身试验，提出了新的煮茶理论，确立了陆羽煮茶法的地位。陆羽不但讲究技艺，注重茶性，而且还要求茶、水、火、器"四合其美"，同时他还特别强调煮茶技艺。

陆羽煮茶时，特别注重水的火候。当水烧到一沸时，加入适量盐来调味，并除去浮在表面、状似"黑云母"的水膜，从而使茶的味道纯正。当水烧到二沸时，舀出一瓢水，再用竹夹在沸水中边搅边投入一定量的茶末。当水烧到三沸时，应加进二沸时舀出的那瓢水，使沸腾暂时停止，以

"育其华"。"华"就是茶汤表面所形成的"沫"、"饽"、"花"。薄的称"沫"，厚的称"饽"，细而轻的称"花"。如果继续煮，水就"老了"，不适饮用。三沸茶就可以饮用了。

中唐以前，这种煮茶法是主要形式。以后，随着制茶技术的提高和普及，直接取用鲜叶煮饮便不被采用了，但煮茶法作为支流形式却一直保留在局部地区。

唐以后的煮茶之法

自唐代之后，由于煎茶法的兴起，煮茶法开始日渐式微，主要流行于少数民族地区。正如苏辙《和子瞻煎茶》诗中的"北方俚人茗饮无不有，盐酪椒姜夸满口"。而且，其所用的茶多是粗茶、紧压茶，通常与酥、奶、椒盐等作料一起煮。

知识小百科

煮茶比泡茶更利于预防癌症

煮茶是我国的一种古老的饮茶方式，到现在已经有几千年的历史。现代养生学研究表明，煮茶更有益于人的身体健康。这是因为和用沸水泡茶相比，用茶壶煮茶可以让茶叶释放出更多的抗癌物质，抗癌效果很好。实验表明，茶叶在壶中煮沸5分钟，可以吸收癌症中有害物质的抗氧化剂的浓度可以达到最高峰，饮用在壶中煮制5分钟的茶水一小时后，血液中的抗氧化剂水平上升45%。研究还发现，茶叶在壶中泡制更长时间并不会产生更多的有益成分，反而会减少。而且向茶水中添加牛奶，也不会影响茶的抗氧化剂成分。

流行一时的煎茶法

> 煎茶法源于煮茶法，陆羽的《茶经》中对煎茶法的程序和器具也有较为详细的描述，可见，陆羽本人也是一位煎茶大师。煎茶法在中晚唐很流行，之后开始没落，直到南宋后期消亡。

唐代宗李豫喜欢品茶。有一次，他命宫中煎茶高手用上等茶叶煎出一碗茶，请积公和尚品尝。积公饮了一口，便再也不尝第二口。李豫问他为何不饮，积公说："我所饮之茶，都是弟子陆羽为我煎的。饮过他煎的茶后，旁人煎的就觉淡而无味了。"李豫听后便派人四处寻找陆羽，终于在吴兴县的天杼山上找到了他，并召他到宫中，当即命他煎茶。陆羽立即将带来的紫笋茶精心煎制后献给李豫，其味道果然与众不同。于是李豫又命他再煎一碗，让宫女送给积公和尚品

他到宫中来了。"上述的传说，虽说难辨真伪，但从中也可以窥见陆羽的煎茶技艺之精湛。

源于煮茶的煎茶

在汉语中，煎、煮意义相近，往往可以通用。这里所称的"煎茶法"，是指陆羽《茶经》中所记载的习茶方式，为了区别于汉魏六朝的煮茶法故名"煎茶法"。

煎茶法是从煮茶法演化而来的，具体而言是从末茶煮饮法直接改进而来的。在末茶煮饮过程中，茶叶的内含物在沸水中容易

◆ 明代徐渭《煎茶七类卷》

尝，积公一饮而尽。然后走出书房，连喊"渐儿(陆羽的字)何在？"，李豫忙问"你怎么知道陆羽来了呢？"，积公答道："我刚才饮的茶，只有他才能煎得出来，当然是

析出，所以不需较长时间的煮熬。而且茶叶经过长时间的煮熬，它的汤色、滋味、香气都会受到影响。正因如此，人们开始对末茶煮饮方法进行改进，在水二沸时投入茶叶，

◆ 婴儿煎茶青花碗

三沸时茶便煎成，这样煎煮时间较短，煎出来的茶汤色香味俱佳。它与煮茶法的主要区别有二点：一是煎茶法入汤之茶是末茶，而煮茶法用散、末茶皆可。二是煎茶法是在水二沸时投茶，时间很短；而煮茶法茶投入冷水、热水都可以，需经较长时间的煮熬。由此可见，煎茶在本质上属于煮茶法，是一种特殊的末茶煮饮法。

陆羽的煎茶方法

根据陆羽《茶经》记载，煎饮法的程序有：备器、择水、取火、候汤、炙茶、碾罗、煎茶、酌茶、品茶等流程，前边都是一些准备程序。煎茶时十分重视水的火候，当水一沸时，加盐等作料调味。二沸时，舀出一瓢水备用。随后取适量的末茶从水中心投下。当水面初起波纹时，用先前舀出的水倒回来停止其沸腾，并使其生成"华"。当水三沸时，首先要把沫上形似黑云母的一层水膜去掉，因为它的味道不正。最先舀出的称"隽永"，可放在熟盂里以备育华，而后依次舀出第一、第二、第三碗，茶味要次于"隽永"。第五碗以后，一般就不能喝了。品茶时，要用匏瓢舀茶到碗中，趁热喝。

煎茶法在实际的操作过程中，也可以视情况省略一些程序，如果是新制的茶饼，则只需碾罗，不用炙烤。此外，由于煎茶器具较多，普通人家也难以备齐，有时也可以进行简化。如中唐以后，人们开始用铫代替鍑和铛来煎茶，因为这样不需用交床，还能省去瓢，直接从铫中将茶汤斟入茶碗。

煎茶法的"宿命"

煎茶法在中晚唐很流行，并流传下许多描写"煎茶"的唐诗。刘禹锡《西山兰若试茶歌》有"骤雨松声入鼎来，白云满碗花徘徊"。白居易《睡后茶兴忆杨同州》诗有"白瓷瓯甚洁，红炉炭方炽。沫下麴尘香，花浮鱼眼沸"等。此后，煎茶法在北宋开始没落，直到南宋后期彻底消失。

延伸阅读

雪水煎茶

在茶圣陆羽之后，唐宋以来的品茶者都认为雪水煎茗才是人间雅事。古代茶人品泉以轻、清、甘、洁为美。清、甘则是水的自然之处，最为难得。而古人煎茶所用的雪多是取自青松之端，山泉之上，飞尘罕到的地方，自然是可以达到轻、清、甘、洁的标准了。在一些诗词中也有咏赞以雪水煎茶的诗句。如白居易《晓起》有："融雪煎茗茶，调酥煮乳糜。"陆龟蒙与皮日休的咏茶诗中有："闲来松间坐，看煎松上雪。"陆游《雪后煎茶》中有："雪夜清甘涨井泉，自携茶灶自烹煎。"从这几首咏茶诗中可以领略到古人赏雪景、煎雪之情景是何等美妙。此外，在探讨古人以雪水煎茶时，曹雪芹在《红楼梦》的第四十一回"贾宝玉品茶枕翠庵"中也提到，妙玉用在地下珍藏了五年的、取自梅花上的雪水煎茶待客。

妙趣横生的点茶法

点茶之法源于煎茶法，宋徽宗赵佶的《大观茶论》和明宁王朱权的《茶谱》对点茶法都做了详细的描述，他们本人也精于点茶。点茶法在宋代很流行，明代后期消失。

点茶法风行于文人士大夫阶层，在宋代的诗词中多有描写。如范仲淹《和章岷从事斗茶歌》有"黄金碾畔绿尘飞，碧玉瓯中翠涛起"。苏轼《试院煎茶》诗有"蟹眼已过鱼眼生，飕飕欲作松风鸣。蒙茸出磨细珠落，眩转绕瓯飞雪轻"。苏辙《宋城宰韩文寓日铸茶》诗有"磨转春雷飞白雪，瓯倾锡水散凝酥"。释德洪《无学点兼乞茶》诗有"银瓶瑟瑟过风雨，渐觉羊肠挽声度。盏深扣之看浮乳，点茶三味须饶汝"等等。

源于煎茶法的点茶法

点茶法源于煎茶法，是对煎茶法的改进。煎茶是在鍑（或铛、铫）中进行，等到水二沸时下茶末，三沸时茶就已经煎成了，用瓢舀到茶碗中就可以饮用。由此想到，既然煎茶是在水沸后再下茶，那么先置茶叶然后再加入沸水也应该可行，于是就发明了点茶法。因为用沸水点茶，水温是逐渐降低的，因此将茶碾成极细的茶粉（煎茶则用碎茶末），又预先将茶盏烤热。点茶时先加入水

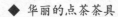

◆ 华丽的点茶茶具

茶文化十二讲

中华文化公开课

少许，将茶调成膏稠状。煎茶的竹夹也演化为茶筅，改为在盏中搅拌，称为"击拂"。为便于注水，还发明了高肩长流的煮水器，即汤瓶等器具。

宋代的点茶法

宋代盛行点茶，许多文人志士嗜好此道，宋徽宗赵佶也精于点茶、分茶，连北方的少数民族也深受影响。根据《大观茶论》和蔡襄《茶录》等相关文献归纳起来，点茶法的程序有：备器、择水、取火、候汤、焙盏、洗茶、炙茶、碾罗、点茶、品茶等。

点茶法的主要器具有茶炉、汤瓶、茶匙、茶筅、茶碾、茶磨、茶罗、茶盏等，以建窑黑釉盏为佳。择水、取火则与煎茶法相同。候汤是最难的一环，汤的火候很难把握，火小了茶叶会浮在上面，大了茶又会沉下去。一般情况下用风炉，也有用火盆及其他炉灶代替的。煮水则用汤瓶，因为汤瓶口细、点茶注汤又准。点茶前先焙盏，即用火烤盏或用沸水烫盏，盏冷则茶沫不浮。洗茶是用热水浸泡团茶，去其尘垢、冷气，并刮去表面的油膏。炙茶是以微火将团茶炙干，如果是当年新茶则不需炙烤。炙烤好的茶用纸密裹捶碎，然后入碾碾碎，继之用磨（碾、硙）磨成粉，再用罗筛去末。若是散、末茶则直接碾、磨、罗，不用洗、炙。

这时就可以点茶了，用茶匙抄茶入盏，先注少许的水并调至均匀，叫做"调膏"。然后就是量茶受汤，边注汤边用茶筅"击拂"。点茶的颜色以纯白为最佳，青白中等，灰白、黄白为下等。斗茶则是以水痕先现者为输，耐久者为胜。点茶一般是在茶盏

里直接点，不加任何作料，直接持盏饮用。如果人多，也可在大茶瓯中点好茶，然后再分到小茶盏里品饮。

明代点茶法的终结

明代宁王朱权也精于茶道，他在《茶谱》中所倡导的饮茶法就是点茶法。只是宋代点茶往往直接在茶盏内点用，朱权却在大茶瓯中点茶，然后再分酾到小茶瓯中品啜，有时还在小茶瓯中加入花蕾以助茶香。朱权所用茶粉是用叶茶直接碾、磨、罗而成的，从而不再使用团茶。朱权还发明了一种适于野外烧水用的茶灶。这些大概就是他所说的"崇新改易，自成一家"。尽管在明朝初年有朱权等人的倡导，但由于散茶开始兴盛，而且简单方便的泡茶法也开始兴起，点茶法在明朝后期终归销声匿迹。

知识小百科

点茶时的"三碳"之说

点茶的过程中，水温的调节非常重要。因此，如何调整炭火也就成了关键的一环。在民间有"三炭"之说，即底火、初炭（第一次添炭）、后炭（第二次也就是最后一次添炭）。如果使用的是地炉行，这"三炭"更是别有一番情趣，其具体做法如下：首先清理好地炉的内部并且要撒好湿灰，然后将三根圆形短炭作为底火放进炉底。当准备工作结束后，就可以将客人请进茶室。在第一次添炭时，当底火炭身的周围刚好披上一层薄灰时，是添炭的最佳时机。若底火火势太弱，连地炉本身都不能烘暖，这会显得主人太冷淡，缺乏对客人的体贴之心。相反，若底火火势太强，第一次添炭时，底火炭都要燃尽了，这不但缺乏情趣，也不利于恰到好处地调节水温。所以，底火的控制工作并不比点茶简单。

经久不衰的泡茶法

泡茶法萌芽于唐代，形成于明朝中期，其传统的品饮方式主要有撮泡法、壶泡法、功夫茶法三种形式，之后又衍生出其他泡茶方式。自明代以来，泡茶法已经成为人们饮茶的主流方法。

总体来讲，中国历代饮茶法可分两大类四小类。两大类是指煮茶法和泡茶法，自汉至唐末五代饮茶以煮茶法为主，宋代以来饮茶以泡茶法为主。四小类是指煮茶法，在煮茶法的基础上形成的煎茶法、泡茶法，以及作为特殊泡茶法的点茶法。煮茶法、煎茶法、点茶法、泡茶法在中国不同时期各擅风流，汉魏六朝尚煮，唐五代尚煎，宋元尚点，明清以来泡茶法流行。

◆ 泡茶茶具

撮泡法

泡茶法萌芽于唐代，由于煎茶法的兴起和煮茶法的存在，泡茶法在唐代流传不广。五代宋时兴起点茶法，点茶法本质上也属于泡茶法，是一种特殊的泡茶法，即粉茶的冲泡。点茶法与泡茶法的最大区别在于点茶需调膏、击拂，而泡茶则不用，直接用沸水冲点。在点茶法中略去调膏、击拂，便成了粉茶的冲泡，将粉茶改为散茶，就形成了"撮泡"，撮泡法萌发于南宋。

撮泡法有备器、择水、取火、候汤、洁盏（杯）、投茶、冲注、品啜等程序。直接将茶倒入杯盏，然后注入沸水即可。撮泡法在明朝时采用无盖的盏、瓯来泡茶；清代在宫廷和一些地方采用有盖有托的盖碗冲泡，便于保温、端接和品饮；近代又采用有柄有盖的茶杯冲泡；当代多用敞口的玻璃杯来泡茶，透过杯子可观赏汤色、芽叶舒展的情形。撮泡法一人一杯，直接在杯中续水，颇适应现代人的生活特点。

壶泡法

壶泡法萌芽于中唐，形成于明朝中期。明朝张源《茶录》、许次纾《茶疏》等书对壶泡法的记述较为详细，壶泡法大致形成于明朝正德至万历年间。因壶泡法的兴起与宜

茶文化十二讲

中华文化公开课

◆ 款待多人的功夫茶茶具

兴紫砂壶的兴起同步，壶泡法也有可能是苏吴一带人的发明。壶泡法的大致程序有：备器、择水、取火、候汤、泡茶、酌茶、品茶等程序。

泡茶法的主要器具有茶炉、茶铫、茶壶、茶盏（以景德镇白瓷茶盏为妙）等。择水、取火与煎茶、点茶法相同。然后是候汤，之后就是泡茶，当水纯熟时，可以先在壶中注入少量的水来祛荡冷气，然后再倒出。根据壶的大小来投放茶叶，有上中下三种投法。先倒水后放茶叫上投；先放茶后倒水叫下投；先倒半壶水之后添茶，再将水倒满叫中投。其中茶壶以小为贵，尤其是一个人独品，小则香气浓郁，否则，香气容易散漫。酌茶时，一只壶通常配四只左右的茶杯，一壶茶，一般只能分酾二三次。而杯、盏是以雪白为贵。品茶时要注意，酾不过早，饮不宜过迟，还应旋注旋饮。

功夫茶法

在清朝以后，源于福建武夷山的乌龙茶逐渐发展起来，于是在壶泡法的基础上又产生了一种用小壶小杯冲泡品饮青茶的功夫茶法，又叫小壶泡。袁枚《随园食单·武夷茶》载："杯小如胡桃，壶小如香橼。……上口不忍遽咽，先嗅其香，再试其味，徐徐咀嚼而体贴之。"民国以来，安溪、潮汕等地多以盖碗代茶壶，方便实用。

由此可见，明清的泡茶法继承了宋代点茶的清饮，不加作料，但明朝人喜欢在壶中加花蕾与茶同泡。就其品饮方式而言主要有撮泡法、壶泡、功夫茶(小壶泡)三种形式。在当代，以壶泡与撮泡及功夫茶为基础，又创造了一些新式泡茶法。如发明闻香杯和茶海的台湾功夫茶。

原汤本味的清饮

随着人们对茶叶的不断认识、开发，逐渐形成了以茶汤中不加任何调味品、不兑入配伍食物的清饮法，其中以汉族的品乌龙、啜龙井、吃早茶和喝大碗茶最为典型。

纵观汉族的饮茶方式，大概有品茶、喝茶和吃茶三种。其中古人多为品茶，他们注重茶的意境，以鉴别茶叶香气、滋味和欣赏茶汤、茶姿为目的；现代人多为喝茶，他们以清凉解渴为目的，不断冲泡，连饮数杯；吃茶则鲜见，即连茶带水一起咀嚼咽下。汉族饮茶虽方法各样，却大都崇尚清饮之道，因为清茶最能保持茶的纯粹韵味，体会茶的"本色"。其基本方法就是直接用开水冲泡或熬煮茶叶，无需在茶汤中加入食糖、牛奶、薄荷、柠檬或其他饮料和食品，属纯茶原汁本味的饮法。其主要茶品有绿茶、花茶、乌龙茶、白茶等。

龙井茶的清饮

龙井茶以"色绿、香高、味甘、形美"而著称，因此与其说是品茶，还不如说是欣赏珍品。当龙井茶泡好后，不可急于大口饮用。首先，得慢慢提起那清澈透明的玻璃杯或白底瓷杯，细看那杯中翠芽碧水，相映交辉，一旗（叶）一枪（芽），簇立其间。然后，将杯送入鼻端，深深地吸一下龙井茶的嫩香。闻茶香，观汤色，然后再徐徐

作饮，细细品味，清香、醇爽、鲜香之味则应运而生。正如陆次云所说"啜之淡然，似乎无味。饮过后，觉有一种太和之气，弥沦于齿颊之间，此无味之味，乃至味也"。

乌龙茶的清饮

品乌龙茶时，应先用水洗净茶具。待水开后，用沸水淋烫茶壶、茶杯之后，将乌龙茶倒入茶壶，用茶量大概为茶壶容积的三分之一至二分之一。然后用沸腾热水冲入茶壶泡茶，直至沸水溢出壶口，之后用壶盖刮去壶口的水面浮沫，接着用沸水淋湿整把茶

◆ 斟清茶

中华文化十二讲

茶文化

壶，以保壶内茶水温度。与此同时，取出茶
杯，分别以中指抵杯脚，拇指按杯沿，将杯
放于茶盘中用沸水烫杯，将茶汤倾入茶杯，
但倾茶时必须分次注入，使各只茶杯中的茶
汤浓淡均匀。然后，啜饮者趁热以拇指和食
指按杯沿，中指托杯脚，举杯将茶送入鼻
端，闻其香，接着茶汤入口，并含在口中回
旋，细品其味。乌龙茶一般连饮3—4杯，也
不到20毫升水量。所以，小杯品乌龙，与其
说是喝茶解渴，还不如说是艺术的熏陶，精
神的享受。

吃早茶

吃早茶，是汉族名茶加甜点的一种独
特的饮俗，多见于我国大中城市，尤其是南
方。用早茶时，人们可以根据自己的喜好，
品味传统香茗。同时，也可以根据自己的需
要，点上几款精美的小糕点。如此一口清
茶，一口甜点，使得品茶更为有趣。如今，
人们不再把吃早茶单纯地看作是一种用早餐
的方式，而将它看成是一种充实生活和社会
交往的手段。如在假日，随同全家老小，登
上茶楼，围坐在四方小茶桌旁，边饮茶、边
品点，畅谈国事、家事、天下事，其乐无
穷。亲朋之间，上得茶楼，面对知己，茶点
之余款款交谈，倍觉亲切，更能沟通心灵。
所以，许多人即便是洽谈业务、协调工作、
交换意见，甚至青年男女谈情说爱，也愿意
用吃早茶的方式去。这就是汉族吃早茶的
风尚，自古以来，不但不见衰落，反而更
加流行。

喝大碗茶

喝大碗茶的习俗在我国北方最为流行，

◆ 清代买大碗茶的情景

无论是车船码头，还是城乡街道，都随处
可见。自古以来，卖大碗茶都被列为中国的
三百六十行之一。这种清茶一碗，大碗饮喝
的方式，虽然看起来比较粗犷，甚至颇有些
野蛮之味，但它自然朴素，无需楼、堂、
馆、所的映衬，而且摆设简便，只需几张简
易的桌子、几条农家长凳和若干只粗制瓷碗
即可。故而，它多以茶摊、茶亭的方式出
现，主要为过路行人提供解渴小憩之用。

延伸阅读

大碗茶由来的传说

相传在很久以前，有一个寺庙的高僧向
寺院内的菩萨献茶后，为保佑"玉体安稳，
万民丰乐"，将剩下的茶施舍给聚集在寺中
的信徒们饮用。当时，茶叶是高级奢侈品，
只有贵族和僧侣间才可以常饮。而在民间，
茶是被当成包治百病的药物使用的。施茶给
众人饮用时，寺庙因没有足够的茶具，就用
一个大水盆沏满茶水，一人一口，一直传递
着喝下去。这样的做法在民间深受好评。后
来，这种用大盆沏茶的传统就流传下来，直
到今天演变成风行于世的大碗茶。

风味各异的调饮

茶叶作为饮料除了清饮茶，还有各式各样的调饮茶，即以茶为基质，再调以酸、甜、咸等风味的辅料而制成。这种调饮茶在中国的一些少数民族很流行，甚至成为当地的一种民俗，别有特色。

调饮是在茶汤中加入调味品(如甜味、咸味、果味等)及营养品(主要是奶类，其次是果酱、蜂蜜，以及芝麻、豆子等食物)的共饮方法。中国的调饮是以少数民族为主体的，其饮用方法具有强烈的民族性、地域性和时代性。

古代的调饮文化

茶叶进入人们的日用领域后，茶便与日常饮食联系在一起。茶与其他食物配合，

◆ 酥油茶

也成为人们日常饮食生活的组成部分。在古代的文献典籍中，陆羽的《茶经》中至少有九处讲茶的食用；壶居士的《食忌》中也谈

到："苦茶与韭同食，令人体重"；晋郭璞《尔雅》中说："茶叶可煮糕饮"。另外，唐代的《食疗本草》中记载"茶叶利大肠，去热解痰，煮取汁，用煮粥良"；《膳夫经手录》载："茶，吴人采其叶煮，是为茗粥"等，这些都说明当时人们已把茶叶用于食用。当然，有些调饮茶也作为药物饮用。

实际上，陆羽除了"三沸煮饮法"外，在《茶经》中还说将茶"贮于瓶缶中，以汤沃焉，谓之庵茶。或用葱、姜、枣、橘皮、茱萸、薄荷之等，煮之百沸(当成茶粥)，或扬令滑(清)，或煮去沫，斯沟渠间弃水耳，而习俗不已！"唐以后，调饮法继续发展壮大。宋时的苏辙就在诗中说"俚人茗饮无不好，盐酪椒姜夸满口"，还有黄峪的《谢刘景文送团茶》中也写道"鸡苏胡麻煮同吃"，直到现在江西修水县仍有吃芝麻豆子茶的习惯。这些历史典籍的记载说明我国古代北方与南方都有调饮的习俗。

现代的调饮文化

茶与食结合的吃法，多出于民间中下阶层。茶叶进入老百姓"柴米油盐酱醋茶"

◆ 侗族打油茶

调饮文化的传播和发展

中国调饮文化，通过陆海丝绸之路传往海外，形成了很多加味料调饮法。如红茶以英式为代表的茶汤中加糖、加牛奶的调饮法，绿茶以西北非摩洛哥等国家为代表的茶、糖、薄荷共煮的调饮法，其他如东欧、中东、南亚、北美、西欧、东南亚、大洋洲等饮法都属于调味、加料或单调味的调饮文化体系，具体方式大同小异，而且饮茶多与三餐饮食相联系，一般每日分次饮，定时饮，如英国的早茶、午茶、午后茶，非洲的每日三餐后三杯茶等，调饮文化的流派日见扩展。

的开门七件事，被看作食品而成为居家饮食之谱。所以，人们自然讲求茶汤调制，添加调味品(咸或甜)和配伍其他食品(如奶类、杂果)，调食佐餐，从而成为民间的饮茶法，循此食用路线发展，便形成茶的"调饮文化"流派。

直到今天，中国以畜牧业为主要生产方式的地区，形成了以内蒙古、新疆奶茶和西藏酥油茶为代表的调味加料饮茶法(一般咸味加奶类食品)。茶既是饮料，又是食品，既有维生素，又有蛋白质。而在以农业为主要生产方式的地区，形成了以湘、闽、桂、黔、川、滇等偏僻山区习饮的烤茶、打油茶为代表的非奶类加料调味饮茶法(茶中加芝麻、花生、豆子、大米、生姜等)，农闲、雨天、节日、喜事、待客时搞调饮，是当地民间传统美味饮食。

第五讲 茶艺精粹——灵境交相悦

风雅的品饮环境

　　饮茶是一种精神和物质上的双重享受，古今的茶人对饮茶环境都有很高的要求。饮茶环境的外延很大，涵盖茶叶品饮的方方面面，这也是构成品茶艺术的重要内容。

　　古人饮茶时除了要有好茶好水之外，还十分讲究品茶的环境。所谓品茶环境，不仅包括景、物，而且还包括人、事。宋代品茶有一条叫做"三不点"的法则，就是对品茶环境的具体要求。"三不点"的具体内容虽然没有明确的历史记载，但是从以后的有关诗文中可以推断出来，如欧阳修《尝新茶》诗中提出，新茶、甘泉、清器，好天气，再有二三佳客，才构成了饮茶环境的最佳组合。如果，茶不新、泉不甘、器不洁、天气不好，茶伴缺乏教养，举止粗俗，在这些情况下，是不宜品茶的。

文人笔下的品饮环境

　　文人饮茶对环境、氛围、意境、情趣的追求体现在许多文人著作中。例如，明代著名书画家、文学家徐文长描绘了一种品茗的理想环境："茶，宜精舍、云林、竹灶、幽人雅士，寒宵兀坐，松月下，花鸟间，清白石，绿鲜苍苔，素手汲泉，红妆扫雪，船头吹火，竹里飘烟。"茶在文人雅士眼

◆ 古人放舟清江，船头吹火，品茶赏景的理想生活

茶文化十二讲

中，乃至洁至雅之物，因此，应该体现出"清"、"静"、"净"的意境：窗明几净的房屋，品行高洁的友人，月照松林，秉烛夜谈，清丽女子，汲泉扫雪，船泊江上，边饮边行，竹影婆娑，悠然自得。此境此景，可谓深得品茗奥妙。

唐代诗僧皎然认为品茶伴以花香琴韵是再好不过的事了，他曾在诗中叙述几位文人逸士以茶相会的情景，赏花、吟诗、听琴、品茗十分和谐地结合成一体，在我们眼前呈现出了一个清幽高雅的品茗环境。苏东坡在扬州做官时，曾经到西塔寺品过茶，给他留下了深刻印象，他后来写诗记道："禅窗丽午景，蜀井出冰雪，坐客皆可人，鼎器手自洁。"

品茶的人文环境

文人饮茶还十分注重品饮人员，与高层次、高品位而又通茗事的人款谈，才是其乐无穷之事。到了明代，连饮茶人员的多少和人品、品饮的时间和地点也都非常讲究。张源在《茶录·饮茶》中写道："饮茶以客少为贵，客众则喧，喧则趣乏矣。独啜曰神，二客曰胜，三四曰趣，五六曰泛，七八曰施。"可见在品茶环境中，人是其中不可或缺的因素。

明清茶人往往爱将茶品与人品并列，认为品茶者的修养是决定品茶趣韵的关键。明代茶人陆树声曾作《茶寮记》，其中提及了人品与茶品的关系。在陆树声看来，茶是清高之物，唯有文人雅士与超凡脱俗的逸士高僧，在松风竹月，僧寮道院之中品茗赏饮，才算是与茶品相融相得，才能品尝到真

茶的趣味。

此外，明清文人品茶喜欢在幽静的小室，他们往往自己修筑茶室，然后隐于其中细煎慢品。这种清幽的茶室，我们还可以在明代画家文徵明、唐寅等人的画中看到。

总之，对品茶环境的讲究，是构成品茶艺术的重要环节。所谓物我两忘，栖神物外说的都是人与自然、人与人和谐统一的最高境界。

第五讲　茶艺精粹——灵境交相悦

113

茶艺美学的渊源

中国茶艺具有深刻的精神内涵和丰富的审美内容，茶艺美学在发展过程中借鉴了儒、道、佛三家的哲学理念，从小小的茶壶中探求美的玄机，从淡淡的茶汤中品味人生的百味。

老子、孔子、孟子、庄子等哲学家奠定了中国古典美学理论根基，为茶艺美学打下了深厚的哲学基础，如茶艺中的"和"、"清"、"淡"、"真"、"气"、"神"等。茶艺美学并不是从一般的表现形式上去欣赏和理解茶，而是在茶事活动中追求美感的理论指导，更重要的是从哲学的高度广泛地影响茶人，特别是茶人的思维方式、审美情趣。

佛家禅宗中的茶艺美学

在茶艺美学当中，融入了佛教美学的思想。"直指本心，见性成佛。"佛教禅宗主张在一种绝对的虚静状态中，直接进入禅的境界，专心静虑，顿悟成佛。这种思想与中国老庄道家思想的"清静无为，心如止水"很相近。茶的本性质朴、清淡、纯和，与佛教精神有相通之处。中华茶艺追求清、静，要求心无杂念，专心静虑，心地纯和，忘却自我和现实存在，这些都体现出佛家思想。

道家哲学中的茶艺美学

道家"天人合一"的自然精神在茶艺美学中表现为人对回归自然的渴望，以及对"道"的体认。中华茶艺吸收了道家的思想，把自然的万物都看成具有人的品格、人的情感，并能与人进行精神上的相互沟通的生命体。道家的自然观，一直是中国人精神生活及其观念的源头。同时，道家崇尚自然，崇尚朴素，崇尚真实的美学理念和重生、贵生、养生的生命观，也使中国茶人的心里充满了对大自然的热爱，有着回归自然、亲近自然的强烈渴望，从而树立起了茶艺美学的灵魂。

茶生于天地之间，采天地之灵气，吸日月之精华。源于自然的茶用泉水冲泡，高山流水，一杯在手，给人以一种将自身融于

◆ 古人在松下秋江之畔论画品茶，参禅论道。

◆ 《秋山论道》（明 文徵明）。此画描述古人在深山茅亭清谈论道，追求虚静之美的情怀。

秀丽山川的感觉，以致天人合一，飘然欲仙。道家强调自然，因此茶艺不拘泥于规则。因为自然之道乃变化之道，心通造化，使自然妙契，大象无形，法无定法。喝茶的时候忘记了茶的存在，快乐自足。泡茶不拘于规矩，品茗不拘于特定的环境，一切顺其自然。

儒家文化中的茶艺美学

儒家思想贯穿于茶文化之中，是影响着茶艺美学发展的重要方面。儒家思想的基本特征是无神论的世界观和积极进取的人生态度。它强调情理结合，以理节情，追求社会性、伦理性的心理感受和满足。提倡尊君、重礼，廉俭育德，和蔼待人。由此可见，儒家美学是中国茶艺美学的基础，中华茶艺美学也遵循了儒家美学的思想和基本原则。

知识小百科

了庵清欲禅师的"茶禅美学"

茶与禅的结合，体现了一种超然的人生境界。在元代，了庵清欲禅师的《痴绝翁所赓白云端祖山居谒忠藏主求和》诗中写道："闲居无事可评论，一炷清香自得闻。睡起有茶饥有饭，行看流水坐看云"。禅茶要求在有限的时空中体悟生命本性，自得自适地体悟宇宙与人生，在静谧的氛围中获得一种安宁和自由，这是一种很高的美学境界，是靠内在和外在的超越精神、恬静淡泊的心情去达到的境界，这是极为不易的。了庵清欲禅师茶禅一味的智慧境界使茶艺进入了一个新天地，从而以智慧而得到美。碾茶过程中的轻拉慢推，煮茶时的三沸水判定，点茶时的提壶高注，饮茶过程中的观色品味等，都借助事茶体悟佛性，喝进大自然的精英，换来脑清意爽而生出一缕缕佛国美景。

茶艺美学的特质

茶艺美学是一种自然之美、淡泊之美、简约之美、虚静之美、含蓄之美，需要从实践中感知和悟解。茶艺美学应反映出人们的心灵渴求，引导人们追求品茶的精神境界，使品茶成为人生旅途的"绿色栖所"。

茶艺美学有着深厚的传统文化积淀，属于中国古典美学中的一部分，具有中国古典美学的基本特征，同时也具有其自身的独特之处。茶艺美学侧重于审美主体的心灵表现，虚静气氛中的自我观照和默察幽微的亲切体验。

淡泊之美

"淡泊"意指闲适、恬淡，不求逐利，隽永超逸，悠然自远。道家学说不重社会而重个人，不重仕途而重退隐，不重务实而重玄想，不重外在而重精神。文人们在饮茶过程当中，自然要把这种淡泊境界作为他们在艺术审美上的一种追求。因此这种清淡之风和尚茶之风，深刻影响着茶艺的发展，也成为茶艺美学的一部分。

简约之美

品茶本是人们日常生活中的一种行为，一种习惯，一种文化需要。所以它贵在简易和俭约。我国古代的茶文化，历来奉行尚"简"、尚"俭"之风，呈现出雅俗共赏的简约之美。没有繁琐的操作程式，没有浩大的礼仪排场。我国茶人们深知品茶之道，越是简朴平易的茶，则越能品得茶汤的本味，悟得人生的真谛。

虚静之美

天地本是从虚无而来，万物本是由虚无而生。有虚才有静，无虚则无静。中华茶艺美学中的虚静之说，不仅是指心灵世界的虚静，也包括外界环境的宁静。虚静对于日常品茗审美而言，是需要仔细品味的，从而在品茗生活中更好地获得审美感悟。品茗需把

◆ 秋林抒啸。此画反映古人和自然融为一体的淡泊之美。

香、味、形的种种美感，以及饮茶中的择器之美、择水之美、择侣之美、择境之美。

含蓄之美

含蓄之美是指含而不露，耐人寻味。晚唐之际，司空图在《诗品》中提出了"含蓄"的美学范畴，并用"不着一字，尽得风流"来形容诗歌的美学特征。对茶艺而言，"含蓄之美"特别讲究此时无声胜有声的境界。茶艺美学是以文人意识为基础而创造的，茶道之美则是以实用为基础而发扬的美，是在茶道实践中体会并完成的，以实现一种人生的情感体验和精神升华。

◆ 《层岩叠壑图》中绘了群峰、溪流、苍松翠柏、小舟旅人，还有对坐草庐中的品茗者，一派虚静之美。

心灵空间的芜杂之物，尽量排解出去，静下神来，走进品茗审美的境界，领悟茶的色、

延伸阅读

普洱茶的"味道美学"

目前有关普洱茶味道的文字记录，很难在历史典籍或教科书上找到，即使有一些，也只是一些细枝末节，描述的极为简单。事实上，这些资料主要保存在普洱茶爱好者的嘴巴和身体里。随着品饮普洱茶成为风尚，江湖上开始出现了一些以追求普洱的味道美学为职业的感官大师，从某种程度上讲，普洱味道的编年史正是在这些人的嘴巴里，才得以不断丰富和发展。普洱茶究竟什么味道，在今天看来，如果不是针对具体的品种，已经很难说得清楚，因为普洱茶是一种千变万化的饮品，来自不同年代、不同茶区、不同的工艺和不同的人制作的普洱茶味道都不尽相同。普洱茶味、口感的丰富变化决定了它是一种需要细心品味的茶。由此，便延伸出普洱茶的"味道美学"。

117

茶人的择水之道

品茶必须会选水，选水对茶的品质至关重要，中国古代很多茶人不但热衷于品茶更精于择水之道，他们将"活"、"甘"、"清"、"轻"、"冽"作为择水的标准。

中国历史上很多茶人对水也很有研究，还撰写了许多专门论水的文章。如张源在《茶录》说："茶者水之神，水者茶之体，非真水莫显其神，非精茶曷窥其体。"许次纾在《茶疏》中说："精茗蕴香，借水而发，无水不可与论茶也。"

陆羽品水排名录

茶圣陆羽对饮茶之水颇有研究，他在《茶经》中说："山水上，江水中，井水下，其山水拣乳泉、石池漫流者上。"唐代的张又新的《煎茶水记》中记载了一个小故事：

大历元年(766年)，御史李季卿出任湖州刺史途经扬州，邀陆羽同舟前往。当船行之镇江附近，李季卿笑着对陆羽说："陆君善于茶，盖天下闻名矣！况扬子江南零水又殊绝，今者二妙千载一遇，何旷之乎？"于是命一位士兵，前去南零取水。军士取水归来后，陆羽"用勺扬其水"，便说："江则江矣，非南零者，似临岸之水。"随兵分辩道："我操舟江中，见者数百，汲水南零，怎敢虚假？"陆羽一声不响，将水倒掉一半，再"用勺扬之"，才点头说道："这才是南零水矣！"军士听此言，大惊失色，口称有罪，不敢再瞒，只好实言相告。原来，江面风急浪大，军士取水上岸时，因小舟颠簸，壶水晃出近半，军士惧怕降罪，就在江边加满水，不想被陆羽识破，连呼："处士之鉴，神鉴也！"

李季卿见此情景，对陆羽惊叹不已。于是向陆羽请教水的质次。陆羽按茶水所需排了二十等：庐山康王谷水帘水第一，无锡惠山寺石泉水第二、蕲州兰溪石下水第三、峡州扇子山虾蟆口水第四、苏州虎丘寺石泉水第五、庐山招贤寺下方桥潭水第六、扬子

◆ 陆羽瓷雕

◆ 天台山千丈瀑布。此水曾被陆羽称赞，是煮茶的的好水之一。

江南零水第七、洪州西山西东瀑布泉第八、唐州柏岩县淮水源第九、庐州龙池山岭水第十、丹阳县观音水第十一、扬州大明寺水第十二、汉江金州上游中零水第十三、归州玉虚洞下香溪水第十四、商州武关西洛水第十五、吴松江水第十六、天台山千丈瀑布水第十七、柳州圆泉水第十八、桐庐严陵滩水第十九、雪水第二十。

古人择水的标准

由于人们用茶角度不同，所处地域环境也各有特点，特别是在古代，产生了对水的不同评判标准。总的来说，可归纳为以下几个方面：

其一，水要"清"。清是指水质无色透明，清澈可辨，这是古人对水质的基本要求。

其二，水要"活"。活是指水源有流。陆羽的"山水上"之说，"其山水，拣乳泉石池漫流者上"，说的是活水。

其三，水要"轻"。轻，是指轻水。古人对水质要求轻，其道理与今天科学分析的软水、硬水有关。软水轻，硬水重，硬水中含有较多的钙镁离子，因而所沏茶汤滋味涩苦，汤色暗昏。宋徽宗赵佶、明代张源都在其茶事著作中提到水宜"轻"之说。而清乾隆则更把"水轻"提升到评水好坏的基本标准。

其四，水要"甘"。甘，是指水的滋味。好的山泉，入口甘甜。宋代蔡襄在《茶录》中提出："……水泉不甘，首旨损茶味。"宋徽宗赵佶在《大观茶论》中说："水以清轻甘洁为美。"王安石还有"水甘茶串香"的诗句。

其五，水要"冽"。冽，就是冷而寒的意思。古人十分推崇冰雪煮茶，所谓"敲冰煮茗"，认为用寒冷的雪水、冰水煮茶，其茶汤滋味尤佳。正如清代文人高鹗的《茶》诗曰："瓦铫煮春雪，淡香生古瓷。晴窗分乳后，寒夜客来时。"

知识小百科

西山玉泉

西山玉泉，位于北京海淀区的西山东麓，颐和园西侧。山中洞壑迂回，流泉密布，泉水晶莹如玉，故名玉泉山。最大一组泉眼在山的西北角，叫玉泉池。泉水从石穴中涌出，有"玉泉垂虹"之称，为"燕京八景"之一。清高宗赐名"天下第一泉"。

第六讲

茶礼仪式——品茗序尊伦

豪华的宫廷茶礼

饮茶是宫廷日生活中的重要内容，在中国历史上很多皇帝都嗜好饮茶，由此也形成了很多宫廷茶礼，如宏大的茶宴和代表皇恩的赐茶，这些茶礼彰显的是皇家的威严气象。

宫廷饮茶源远流长，据相关史料记载，上古时期的周武王伐纣时就接受巴蜀之地的供茶，这也是皇室饮茶的最早记载，随后的周成王还留下了推行"三祭"、"三茶"礼仪的遗嘱；三国时的吴国皇帝孙皓曾率群臣饮酒，而韦曜不胜酒力，孙皓便赐茶以代酒；西晋惠帝司马衷逃难时都把烹茶进饮作为第一件事；隋文帝也由不喝茶到嗜茶成癖，说明饮茶风早已流传于宫廷中。

古代宫廷饮茶主要在以下场合：娱乐、王子公主婚嫁、殿试、内廷赏赐、清明宴、帝王清饮、供养三宝、赐茶、接待外国来使、祭天祭祖等。饮茶成为宫廷日常生活内容之后，皇帝很自然地将其用于朝廷礼仪，从而使茶在国家礼仪中纳入规范。但是正式的宫廷茶礼形成于唐朝，在吸收文人茶道和寺院茶道的基础之上，逐渐形成了独特的体系和特色，以后的各代相沿成习。宫廷

◆ 清宫赐宴图

茶礼之中最有代表性的是宫廷茶宴和赐茶。

恢弘的宫廷茶宴

宫廷茶宴源于唐代，其中最为豪华的是"清明宴"。唐朝皇宫在每年清明节这一天，要举行规模盛大的"清明宴"，并以新制的顾渚贡茶宴请群臣。其仪规是由朝廷的礼官主持，有仪卫以壮声威，有乐舞以娱宾客，还有用以辅茶的各式糕点，所用的茶具也十分名贵。其目的就是以浩大的茶事来展现大唐富甲天下的气象，显示君王精行俭德、泽被群臣的风范。当时，后宫嫔妃宫女也有饮茶的习惯，她们不光注重茶叶的质量、茶具的精美，也注重饮茶的乐趣和心境。对她们而言，饮茶具有消遣娱乐性。此外，茶叶还具有多种保健的功效，嫔妃们饮茶又有美容养身的目的。

宋代宫廷也常举行茶宴，但最为频繁的还是在清代。据史料记载，清代皇室光在重华宫举行的茶宴就有60多次，此宴一般是元旦后三日举行，由乾隆钦点的文武大臣参加，一边饮茶一边看戏，用的是茶膳房供应的奶茶，还要联句赋诗，是极为风雅的宴会。清代不仅有专门的茶宴，而且几乎每宴必须用茶，并且是"茶在酒前"、"茶在酒上"。康乾两朝曾举行过四次规模巨大的"千叟宴"，饮茶也是一项主要内容，开宴时首要先"就位进茶"。酒菜人人有份，唯独"赐茶"只有王公大臣才能享用，在这里饮茶成了地位的象征。

宫廷赐茶

赐茶是宫廷茶俗的一种，是宫廷茶仪的重要组成部分。贡茶入宫，除供皇帝使用外，皇帝常有赐茶之举。如唐代的贡茶在祭祀宗庙之后便要赏赐给亲近大臣，随后赐茶对象也在不断扩大，得赐者有军人、大臣、学士等等。赐茶的目的或为犒赏将士，或为优遇文人、笼络近臣，目的性非常明确。这种由皇帝遣宦官专赐，臣下得茶后上表谢赏的习惯，在唐中后期成为上层社会的一种隆重礼遇。

宫廷赐茶也受宫廷仪规的限制，因严肃、隆重而显得不够活泼，但宫廷赐茶仍有"和"、"敬"的因素在内。在当时人看来，皇帝赐茶，首先表现的是一种恩宠，一种荣幸，是一种君臣关系的调和剂。如赐茶给外国使节是一种礼节；游观寺庙而赐僧众以茶，是对宗教信仰的尊重；视学赐茶则表明对教育的重视等等。所以，宫廷赐茶也有积极的一面，它作为饮茶礼俗的一种，丰富了茶文化，同时这种华贵精巧的宫廷茶礼又对民间茶礼产生了深远的影响。

知识小百科

清代"千叟宴"

清代的千叟宴始于康熙年间，盛于乾隆时期，是清代皇宫之中规模最大、参与宴者最多的盛大御宴。康熙五十二年（1713年）在阳春园第一次举行千人大宴，康熙帝在席间当场赋《千叟宴》一首，所以此宴得名"千叟宴"。随后，乾隆皇帝又在乾清宫举办千叟宴，与宴者更是多达3000人，并即席用柏梁体联句。嘉庆元年正月身为太上皇的乾隆帝在宁寿宫皇极殿再次举办千叟宴，与宴者也多达3056人，席间君臣共赋诗三千余首。后人称谓千叟宴是"恩隆礼洽，为万古未有之举"。

独特的寺庙茶礼

　　僧人饮茶历史久远，僧人的饮茶礼仪在唐代末期出现，并且逐步得到规范，对中国饮茶文化的进步和禅学的发展产生了深远的影响。

　　佛教是东汉末年传入中国的，魏晋南北朝时期开始盛行，到了唐代而大为兴盛。众所周知，中国传统文化是儒、释、道三教合流的结果，而茶与佛教又有着密切的关系，所以，谈到茶礼就不能不提到寺庙中的饮茶礼仪。

寺庙茶礼溯源

　　僧人们清新净欲，从茶中悟道并形成一整套的茶仪，但这是一个缓慢发展的过程。

　　关于寺庙饮茶起源目前还没有定论。最早的文字记载，是东晋怀信和尚的《释门自竟录》，其中说："跣足清谈，坦胸谐谑，居不愁寒暑，唤僮唤仆，要水要茶。"但此时僧人饮茶并不是普遍的现象，僧人饮茶成风是在唐朝出现的。据封演《封氏闻见记》载："开元中，泰山灵岩寺有降魔师大兴禅教。学禅务于不寐，又不夕食，皆许饮茶，人自怀挟，到处煮饮。从此转相仿效，遂成风俗。"同时，此时产生了"茶禅一味"说，从而真正把茶与佛理结合起来。此时，寺庙也开始大兴茶事，但并没有形成一套寺庙专有的饮茶礼俗。因此，僧人饮茶也没有什么限制，更没有一定的程式可以遵循，也就是所谓的"人自怀挟，到处煮饮。"直到唐朝末年，怀海和尚创制"百丈

◆ 罗汉候茶

茶文化十二讲

中华文化公开课

124

清规"才将僧人饮茶纳入寺庙戒律之中，从而有了最初的寺庙茶仪。

寺庙茶礼制度

随着饮茶在僧徒生活中地位越来越重，规范饮茶就开始成为必要了。其中最具代表性的就是《百丈清规》中对茶事的规定，其内容据《景德传灯录》载："晨起，洗手面；盟漱了，吃茶；吃茶了，佛前礼拜，归下去。打睡了，起来洗手面；盟漱了，吃茶；吃茶了，东事西事，上堂。吃饭了，盟漱；盟漱了，吃茶；吃茶了，东事西事。"可见，僧人的一天几乎就是在吃茶中度过的。

此外，随着寺庙茶礼的日益完善，寺庙中还开始设置"茶堂"，供僧家辩佛说理、招待施主佛友品茶之用。还在法堂左上脚设茶鼓，按时敲击召集僧众饮茶。宋代诗人林通的《西湖春日》诗："春烟寺院敲茶鼓，夕照楼台卓酒旗。"说的正是这一景象。此外，在寺院一年一度的挂单时，要按照"戒腊"年限的先后饮茶，称"戒腊茶"。平时，住持请僧众吃茶，称"普茶"。在佛教节日或朝廷赐杖、衣时，往往举行盛大的茶仪。

宋代时，寺庙还常常举办大型茶宴。而这些茶宴多是在僧侣间进行，仪式开始时，众僧围坐在一起，由该寺主持法师按一定程序泡沏香茗，以表敬意，再由近侍献茶给众僧品尝。僧客接过茶，打开盖碗闻香，举碗观色，接着品味，用以赞赏主人的好茶和泡沏技艺；随后进行茶事评论，颂佛论经，谈事叙谊，类似于今天的联谊活动。

后来，元人德辉修改了"百丈清规"，

◆ 百丈寺客堂。怀海和尚曾在此传讲佛法，并与僧人们饮茶。

把日常饮茶和待客方法加以规范，对出入茶寮的礼仪及"头首"在厅堂点茶的过程都有详细说明。最为重要的是，它还将茶礼等级化，即依照客人的身份，献不同档次的茶。

传统的待客茶礼

饮茶真正的生命来自民间，老百姓们在日常饮茶中不仅品味着茶的清香，也在品味着生活的甘甜。尤其是民间的待客茶礼，不但历史悠久，而且极具民族特色，是中国茶礼文化中的常青之树。

中国人自古以来讲究以茶待客、以茶示礼。凡有客人到来，主人定会捧出一杯热气腾腾的清茶，这是基本的礼仪，可以表达主人的敬意。同时，主客也可以在饮茶时共叙情谊。这一传统礼仪至少已有上千年的历史，据史书记载，早在东晋，太子太傅桓温就"用茶果宴客"，吴兴太守陆纳以茶招待来访的谢安。到了宋代，随着饮茶之风盛行，这种待客茶礼也就相沿成习、流传至今。

客来敬茶的基本原则

首先是注重茶的质量，有宾客上门，

◆ 汉族待客的清茶

主人家往往将家中最好的茶叶拿出来款待客人。敬茶往往以沸水为上，因为用未开的水冲泡的茶叶，一定浮在杯面，这会被认为是无意待客，有不够礼貌之嫌。如果时间仓促，不得不用温水敬茶或先端凉茶待客，主人应先向客人表示歉意，并立即烧水，重沏热茶。

其次讲究敬茶礼节。主人敬茶时，必须恭恭敬敬地用双手奉上。讲究一些的，还会在茶杯下配上一个茶托或茶盘。奉茶时，用双手捧住茶托或茶盘，切忌捏住碗口，举到胸前，轻轻说一声"请用茶！"这时客人就会轻轻向前移动一下，道一声"谢谢！"或者用右手食指和中指并列弯曲，轻轻叩击桌面，表示"双膝下跪"的感谢之意。

此外，客人为了对主人表示尊敬和感谢，不论是否口渴都得喝点茶。客来敬茶，体现的是以茶为"媒"，首先是为了向来客示敬，其次也是为了让远道而来的客人清烦解渴，再者也表达了主人让客人安心入座和留客叙谈之意，使气氛更加融洽。

茶文化十二讲

中华文化公开课

◆ 少数民族待客的调茶

不同地域的敬茶之礼

安徽人的茶礼非常讲究，主人家首先端上醇香的热茶。给客人上茶，双手上为敬。茶满八分为敬，饮茶以慢和轻为雅。有贵宾临门或是遇喜庆节日，讲究吃"三茶"，就是枣栗茶、鸡蛋茶和清茶，三茶又叫"利市茶"，象征着大吉大利、发财如意。

在湖南怀化地区芷江、新晃侗族自治县的侗族同胞喜欢用甜酒、油茶招待客人，请人进屋做客，要用酒肉相待，对客人还有"茶三"（吃油茶要连吃三碗）、"酒四"（酒要连喝四杯）、"烟八杆"（烟要连抽八袋)的招待规矩。

西南人敬茶讲究"三道茶"，每道茶都有含义。一道茶不饮，只是表示迎客、敬客；二道茶是深谈、畅饮；三道茶上来即表示主人要送客了。

茶谚中的待客茶礼

民间流传的很多茶谚之中也深谙以茶待客之道，如"嫩茶待客"：在产茶区，茶农们多以上好的茶叶待客。茶农热情好客，平时自己多饮粗茶，客人上门则敬以细茶。

闽西客家人家家备茶，有嫩、粗两种。粗茶置于暖壶内冲泡，自饮解渴；嫩茶为待客之用。客来，先递上一杯茶，以小茗壶冲泡，用小杯品茗。

"礼遇长者"：陕西农村如乡贤长者、至亲老人来家，主家多用煎小罐清茶的方式敬奉。因煎小罐清茶所用为好茶、细茶，煎大罐面茶，则用粗茶、大路茶。

"因客制宜"：江南饮茶，有在茶叶中另加搭配的习俗。若来客为老年人，加放几朵代代花，一是香气浓郁，二是祝福老人子孙代代富贵；来客若为新婚夫妇，则杯中各放两枚红枣，寓有甜甜美美、早生贵子之意。

延伸阅读

以茶待客的起源

相传，客来敬茶的风俗是从三国末年开始的。此前，从皇官贵族到民间百姓，普遍都是用酒待客，以表示主人对客人的敬意。三国时，吴国最后一个皇帝孙皓手下有个叫韦昭的大臣，酒量很小，可是茶量却很大，一次能喝上几大壶。于是孙皓准许他在酒宴上以茶代酒，但不可外传。不久，孙皓在官中宴请重臣，皇上和大臣干一杯酒，韦昭就喝一杯茶。从早晨喝到中午，几个大臣醉倒在桌子底下，韦昭反而劲头十足带头干杯。皇上和满朝文武百官都已大醉，只有韦昭没醉。这消息传开后，宫廷和民间便形成了用茶代酒接待客人的习俗。

悠久的祭祀茶礼

中国茶祭的历史十分久远，无论是以茶水祭祀，还是用干茶或茶壶祭祀，都已经成为一种民俗礼仪为世代所效仿。同时，在一些少数民族更是流传着传奇式的茶祭方式，如祭茶神、祭茶书等等。

在中国古代祭祀习俗中，茶的使用非常普遍。以茶为祭的历史也十分悠久，南朝梁武帝萧衍就曾立下遗嘱："我灵上慎勿以牲为祭，唯设饼、茶饮、干饭、酒脯而已。天下贵贱，咸同此制。"梁武帝开了以茶为

◆ 梁武帝。梁武帝开创了以茶为祭的先河，之后遂成习俗。

祭的先河，此后以茶祭祀逐渐形成一定的定

制，茶不仅可用来祭天、祭地、祭神、祭佛，也可用来祭鬼，并成为一种风俗流布天下，上至皇宫贵族，下至庶民百姓，在祭祀中都可以用茶。

茶祭的方式

在茶祭方式中最为常见的就是以茶水为祭。这在江南地区比较常见，祭祀一般是在傍晚五时左右，家族的长辈备好丰盛的祭品，其中就有茶水一杯，放在祭桌上。祭祀开始时，一家之主嘴里念念有词，祈祷祖先保佑全家平安、子孙后代成才。祈祷完毕，主人会烧一些纸钱，借此与自己的祖宗对话，最后将茶水泼在地上，希望祖先也能品饮清茶。

我国还有用干茶及茶壶象征茶水来祭祀的习俗。清代宫廷祭祀祖陵时就用干茶。据载同治十年(1871年)冬至大祭时即有"松罗茶叶十三两"的记载。在光绪五年(1879年)岁暮大祭的祭品中也有"松罗茶叶二斤"的记述。关于祭品在祭祀中的盛装组合规格，在《大清通礼·卷六》中也有明确记载，而《兴京公署档》记载，内有"茶房用

镀金马勺、银碗、玉碗二十余种"。

此外，民间还有以"三茶六酒"(三杯茶、六杯酒)和"清茶四果"作为祭品的习俗。浙江绍兴、宁波等地供奉神灵和祭祀祖先时，祭桌上除鸡、鸭、肉等食品外，还置杯九个，其中三杯茶、六杯酒。因九为奇数之终，代表多数，以此表示祭祀隆重丰盛。在我国广东、江西一带，清明祭祖扫墓时，有将一包茶叶与其他祭品一起摆放于坟前，或在坟前斟上三杯茶水，祭祀先人的习俗。

少数民族茶祭风俗

在少数民族地区，以茶祭神更是习以为常。湘西苗族聚居区旧时有流行祭茶神的习俗，祭祀分早、中、晚三次：早晨祭早茶神，中午祭日茶神，夜晚祭晚茶神。祭茶神仪式极为严肃，禁止细微的笑声。因为在苗族传说之中，茶神穿戴褴褛，闻听笑声，就不愿降临。因此，白天在室内祭祀时，不准闲人进入，甚至会用布围起来。倘若在夜晚祭祀，也得熄灯才行。祭品以茶为主，辅以米粑、钱纸、簸箕等，也放些纸钱之类。

云南西双版纳傣族自治州基诺山区的一些兄弟民族还有祭茶树的习俗，通常在每年夏历正月间进行。其做法是各家男性家长，在清晨时携一只公鸡，在茶树底下宰杀，再拔下鸡毛连血粘在树干上，边贴还要在口中念叨："茶树茶树快快长，茶叶长得青又亮。神灵多保佑，产茶千万担"等吉利话，以期待茶叶有个好收成。据说这样做，就会得到神灵保佑。

藏族人民更是把茶视为圣洁之物。据《汉藏史集》记载，藏族把茶奉为"天界享用的甘露，偶然滴落在人间"，在藏传佛教中"诸佛菩萨都喜爱，高贵的大德尊者全都饮用"。因此，藏民向寺庙供奉的"神物"中必有茶叶。每到藏族的重大宗教活动时，如"萨嘎达"、"雪顿"节中，茶也是主要的供品。至今拉萨的大昭寺、哲蚌寺还珍藏着上百年的陈年砖茶，并被僧侣们作为护神之宝。到寺院礼佛的人，都必须熬茶布施，所以藏族人到喇嘛教寺院礼佛布施，也俗称为"熬茶"。

清代皇宫的祭神茶礼

皇帝虽然贵为天子，也要定期祭拜神灵，尤其是到了清代，祭神之礼更为繁杂。正月初九为天诞，需在养心殿院内摆设天坛大供一桌，以拜朝天忏，赐福解厄，其中有"茶九盅"之仪式。二月初一日在养心殿用御案供桌摆设的太阳供，所摆贡品为"八路茶三盅"。立春日，皇帝要在宫中延庆殿九叩迎春，为民祈福，其中所摆供品"五路茶三盅"。七月初七日祭牛女之俗，用茶更为繁杂。乾隆朝时，寅正二刻在西峰秀色大亭内献供一桌，西边灯罩后设大如意茶盘一个，然后首领太监请供桌上大如意茶盘，盘上供茶一盅、酒一杯，跪进与占礼官奠祭。卯初，乾隆在细乐声中就位行三叩礼，又祝赞献茶，首领太监用小如意茶盘请寿字黄盅。午初再献宝供一桌，用大黄盅盛茶、果、茶七品(东边四品，西边三品)。供毕，献菜、果、茶，乾隆就位行三叩礼。

多彩的婚俗茶礼

茶树是长青之树，以茶行聘，不仅象征着爱情的矢志不渝，还意喻着婚后的幸福生活。中国各民族婚俗中的许多礼仪都与茶结下了不解之缘，茶也成为婚俗中不可缺少的内容。

很早以前，茶就被看作是一种高尚的礼品。在众多与人们生活密切相关的场合，都将茶作为一种吉祥的象征物。反映在婚礼方面，茶叶不仅成为女子出嫁时的陪嫁品，而且还逐渐演变成一种茶与婚礼的特殊形式——茶礼。中国婚姻茶礼就像一幅多姿多彩的书画长卷。南宋时，杭州富裕之家就已经"以珠翠、首饰、金器、销金裙褶，及缎匹茶饼，加以双羊牵送"，作为行聘之礼。此后，以茶定亲行聘之俗得到了更

大的发扬。

汉族婚俗茶礼

古代江南汉族地区流行"三茶礼"，"三茶"即订婚时的"下茶"，结婚时的"定茶"，合卺时的"合茶"。此外，湖南等地也有"三茶"的风俗。当媒人上门提亲，女家以糖茶甜口，即"一茶"，含美言之意。男子上门相亲，女子就会递清茶一杯，即二茶。男方喝茶后将贵重之物置于茶杯中送还女方，如果女方收受，这门婚事则已达成。洞房前夕，还要以红枣、花生、桂子、龙眼泡茶招待客人，即三茶，有早生贵子之意。这三次喝茶，既受父母之命，又有媒妁之言。

湖南北部的洞庭湖地区则流行交杯茶，新婚夫妇拜堂入洞房前饮用。交杯茶具用小茶盅，茶水为煎熬的红色浓汁，要求不烫也不凉。由男方家的姑娘或姐嫂用四方茶盘盛两盅，双手献给新郎新娘，新郎新娘都用右手端茶，手腕互相挽绕，一饮而尽，不能洒漏茶水。交杯茶象征夫妇恩爱，家庭美满。

◆ 婚嫁茶礼所用的"百年好合"茶盏

茶文化公开课

中华文化十二讲

◆ 婚俗中的茶礼

婚礼茶中最热闹的要数"闹茶"了。"闹茶"是指闹新房时所行的茶礼,古代鄂南地区的要连续闹上三天。当主婚人宣布"闹茶"开始时,新人双双抬起一茶盘,盘中有一枝红烛和四只斟上香茶的茶盅。茶抬到哪个观众面前,这个观众就得说上一段茶令才喝得上茶。新郎新娘通过抬茶闹茶,可以增进了解和心灵交流,对日后夫妻感情有很大作用。另外,通过三天的闹茶,也使新娘可以结识村里的人,便于日后的交往。

少数民族的婚俗茶礼

我国不少少数民族也有婚俗茶礼。如德昂族就有"以茶为媒"传统习俗,德昂族的未婚男女都有自己的组织,男青年的头目叫"曳色离",女青年的头目叫"曳色别"。头目的职责是负责组织未婚男女的社交活动,以寻找意中人。若某小伙子钟情某姑娘时,便会在夜间,到姑娘家的竹楼前,低声吟唱或轻吹芦笙。姑娘若无意,便不出门答理;若开门迎进,并在火塘上烧煮好茶水,请小伙子喝茶、嚼烟,那就意味着姑娘也有意了,这就是以茶为媒。

侗族则流行着一种"说茶"之礼。侗族媒人前去说媒只带两个"棕片包",黄草纸包装的半斤盐巴和白皮纸包装的二两茶叶。女家父母见媒人送来"棕片包",就知道是来说亲的。媒人和女家当场交换意见后,如果女家收下"棕片包",并且用盐、茶、糯米面、黏米面、猪油等烧成油茶,端进堂屋敬奉祖先后,招待媒人,就表示说媒成功,婚事已定。如果女家不收这份"棕片礼",退还媒人,则表示女家不同意这门亲事,说媒告吹。

延伸阅读

退茶

中国大多数民族在缔婚的过程中,往往都离不开用茶来作礼仪。有趣的是,有些地区"退婚"也离不开茶。"退茶"是贵州三穗、天柱和剑河毗邻地区侗族姑娘的一种退婚方式,侗语叫做"退谢"。订婚之后,假如姑娘不愿意嫁给对方,就用"退茶"的方式退婚。通常的做法是这样的:姑娘用纸包一包普通的干茶叶,选择一个适当的机会,亲自带着茶叶到未婚夫家去,跟郎家父母说:"舅舅、舅娘啊!我没有福分来服侍你们老人家,你们另去找一个好媳妇吧!"说完,将茶叶包放在堂屋桌子上,转身就走。程序虽然简单,但是要恰到好处地办妥这件事,也并不容易。这既要有胆量,又要机智、敏捷,因为这是对包办婚姻的一种反抗。因此,敢于"退茶",而且又退得成功的姑娘,是要被众乡亲(特别是妇女们)称赞的。

第六讲 茶礼仪式——品茗序尊伦

第七讲

茶政风云——榷茶与贡品

茶政茶法的兴起

茶的社会属性决定了茶与政治、经济有着密切的联系。自唐代中期以后，茶叶经营开始引起统治阶级的关注，各种茶税开始出现，尤其是政府对茶的专营专卖制度极大地影响了中国茶业的发展。

在唐代以前，中国的茶叶经营为自由贸易，不征赋税，但随着茶叶生产、消费的不断普及，茶逐渐成为社会经济生活中不可或缺的重要物资，而茶叶经营过程中所产生的巨大利益，也引起了统治阶级的重视。为了提高国库收入，统治阶级开始对茶的经营方式进行变革，因此，各种茶法应运而生，如有关茶税、贡茶、榷茶、茶马贸易的一些上谕、法令、规定和奏章。从某种意义上讲，茶法的本质就是封建统治阶级限制和控

◆ 古人饮茶图

制茶叶生产、压迫和剥削茶农、掠夺和独揽茶利的一种手段。

茶税制

中国古代茶税的征收，开始于唐德宗建中元年（780年）。当时安史之乱平息不久，国家大伤元气，国库空虚，政府财政拮据，于是皇帝下诏对茶叶经营征收临时性赋税，其税赋大概为"十取其一"，但征税以后，统治阶级发现税额十分显著，从而就将这一临时措施改为"定制"，与盐、铁并列为主要税种，并相继设立"盐茶道"等官职专门管理茶业。

唐代茶税的税额并没有随着政府财政收支状况的好转而有所减免，反倒根据茶叶生产和贸易的发展而不断增加。唐武宗会昌年间，除正税以外，还增加了一种"过境税"，又叫"塌地钱"。至宣宗大中六年（852年），当时的盐铁转运榷茶使裴休制订了"茶法"12条，严禁私贩，使茶税斤两不漏。裴休的茶法在不增税率的前提下使茶税大增，最高时达60万贯以上，对稳定当时政府财政起到了积极的作用，因而得到了政府的大力支持。

唐代实行茶税制的结果，极大地殷实了

◆《清明上河图》中的茶寮。可见北宋时茶叶买卖的繁盛。

国库，而茶税的巨大数额也使此后统治者趋之若鹜，从而使茶税一直沿用不断。

茶叶专卖制

茶的专营专卖在古代称之为"榷茶制"，这一政策也始于中唐时期，唐文宗太和九年(835年)，当时的宰相王涯奏请皇帝推行榷茶，并自请担任"榷茶使"，强令民间的茶树全部移植于官办茶场，实行政府统制统销，同时还将民间的存茶一律烧毁。但此法令颁布后，遭到全国人民的强烈反对。王涯十月颁令行榷，十一月就被宦官仇士良在"甘露之变"中所杀，而继任"榷茶使"吸取了王涯的教训，奏请皇帝停止榷茶，恢复税制。所以，唐代真正实行榷茶的时间不到两个月。

中国历史上真正推行"榷茶制"，是从北宋初期开始的。当时的统治者沿长江设立8个"榷货务"（即官府的卖茶站），还在产茶区设立了13个山场，专职茶叶收购，茶农除向官府交纳赋税之外，其余的茶叶均全部交给山场，严禁私买私卖。据

文献记载，宋朝的茶法，先后经历了多次改革，如所谓"三税法"、"四税法"、"贴射法"、"见钱法"等。这些改革都是换汤不换药，其本质就是坚持国家专卖，到了宋代晚期甚至成为茶叶生产的障碍，还诱发多次茶农起义。

此后的元、明、清，都推行茶叶专营专卖制。直到清朝的咸丰年间，由于当时国际国内茶叶贸易都发生了巨大的变化，才将专营改为征收税金，民间逐步恢复茶叶的自由经营。可见，茶叶专卖制在中国历经的时间之久。

不断变革的榷茶制

中国的茶法经历了很多次变革，无论是宋代的通商法、政和茶法、茶引制，还是清朝的引岸制，都没有脱离榷茶制的轨道。由此可见，中国的茶业发展始终处于统治阶级的严密控制下。

中国榷茶制正式推行于北宋初年。当时朝廷在各主要茶叶集散地设立管理机构，称为榷货务，主管茶叶流通与贸易。同时，在主要的茶产区设立茶场，称为榷山场，主管茶叶生产、收购和茶税征收。茶农由榷山场管理，称为园户。园户种茶，必须先向榷山场领取资金，而所产茶叶，也要先抵扣本钱，再按税扣茶，剩下的余茶则要卖给榷山场，榷山场再批发给商人销售。商人贩茶应先向榷货务缴纳钱帛，换取茶券去指定的榷山场提取茶叶，再运往非官卖之地出售。官府从园户处低价收茶叶，然后再用高价卖给茶贩，以此来获取高额差价利润。

通商法

北宋宋仁宗嘉佑年间和宗徽宗建中靖国时期，还实行过通商法。通商法的残酷程度丝毫不亚于榷茶。据《梦溪笔谈》记载，通商后的宋代茶利收入，由榷茶时的109万贯增至117万多贯。通商法允许园户、茶商之间自由买卖，但政府不再预付本钱，也不再统购茶叶。以园户种茶来说，政府把原来茶的收入，立名为租钱，分摊到各个园户身上，而园户种茶也不能再向政府领取资本，但园户生产的茶叶，必须要先缴纳租金才准出售。

此外，通商法的推行也有其历史背景，当时正处于宋金战争期间，军费亏空较大，政府的财政又无力负担，统治者才临时推行此法。到了宋徽宗崇宁元年（1102年），又恢复了榷茶制。

政和茶法

为了完善榷茶制，北宋政府在政和二年（1112年）又推出了新茶法，即政和茶法。该茶法吸收了榷茶制和通商法中有利于政府的长处，使管理制度更加严密和完备，属委托专卖制性质。它不干预园户的生产过程，也不切断商人与园户的直接交易，但加强了对两者的控制。园户必须登记在籍，将茶叶产量、质量详细记录在册，园户之间互相作保，不得私卖；商人贩茶，须向官府领取茶引，茶引上明确规定茶叶的购处、购量和销处、销期，不得违反，商人的行为受到官府严格监控。

政和茶法把茶叶产销完全纳入榷茶制

◆ 乾隆帝吉服图。乾隆时期"茶引制"发展成了官商合营的"引岸制"。

的轨道，同时也给予园户和商人一定的生产经营自主权，调动了他们的积极性，对茶业的发展起到了很大的促进作用。

茶引制

到了北宋末期"榷茶制"逐渐发展成"茶引制"。这时官府不再直接买卖茶叶，而是由茶商先到"榷货务"交纳"茶引税"（茶叶专卖税），购买"茶引"，凭引到园户处直接购买茶叶，再送到当地官办"合同场"查验，并加封印后，按规定数量、时间、地点出售。"茶引"分"长引"和"短引"两种，"长引"准许销往外地限期一年，"短引"则只能在本地销售，有效期为三个月。这种"茶引制"，使茶叶专卖制度

更加完善、严密，一直沿用到清朝。

引岸制

清朝乾隆年间，"茶引制"又发展成为官商合营的"引岸制"。"岸"是口岸，是指定的销售或易货地点。当时的商人经营各类茶叶必须要纳请茶引，并按茶引定额在划定范围内采购茶叶。卖茶也要在指定的地点，不准任意销往其他地区。所以"引岸制"的特点是根据各茶区的产量、品种和销区，实行产销对口贸易。这样有利于政府对不同茶类生产、加工实行宏观调控，做到以销定产。

上文所述的各种茶税制度都没有脱离榷茶制，直到清代咸丰年间，由于国外列强深入茶区开厂置业，榷茶制名存实亡，才逐渐被政府废黜。

延伸阅读

唐代社保之税——茶税

唐代建中元年（780年），朝廷开始对茶叶征税。开始时茶税没有单独成税，只是列名于漆、竹、木等农产品一起征收，相当于现代的农业特产税。而且朝廷在征收茶税的敕令中，明确宣布茶税收入专款专用，全额用于增加社会保障设施，即常平仓的本钱。常平仓起源于汉代，是政府为调节粮价而设置的粮仓，其目的是为了保障灾年百姓的生活，维护社会的稳定。政府在丰收之年大量购进多余的粮食贮备起来，然后在歉收的年再卖出这部分储备粮，来达到稳定粮价的目的。所以，唐代开征茶税的初衷是为了保障民生，但是到了贞元九年（793年），由于民间饮茶日益普及，茶税税源增长迅速，于是朝廷决定将茶税单独列为一个税种。

强化统治的茶马贸易

茶马贸易，是中国古代长期推行的一种茶马政策。统治阶级通过内地的茶叶来控制边区，并利用边马来强化对内地的统治。同时，茶马互市客观上也促进了中国各民族之间的交流和融合。

马作为的重要战备物资，其优良品种主要产于塞外。所以，统治阶级为了获得足够的战马，就以茶换马，和边地少数民族进行交易。据《封氏闻见记》和《新唐书》记载，茶马交易始于唐肃宗时期（756–761年）。早期的茶马交易，仅是对少数民族进贡的一种回赠。直到唐德宗贞元年间，商业性的茶马交易才正式开始。

宋代的茶马贸易

宋朝茶马贸易十分繁盛，熙宁七年

◆ 茶马古道上的风景

(1074年)，宋神宗还派遣李杞到四川筹措茶叶，对成都府路、利川路的茶叶实行官榷，

设茶场司与买马司，后更名为茶马司，专掌以茶易马。从此，茶马交易开始成为定制，且产生了专门的管理机构和相应的"茶马法"。此后，茶马贸易发展迅速，交易所得马匹的数量也十分巨大，一般每年一万匹左右，最多时达两万多匹。进行交易的边市有晋、陕、甘、川等地，换取的多是吐蕃、回纥、党项等族的马匹。

茶马交易一方面保证了朝廷的防务所需，另一方面也维持了西南、西北部分地区的安宁。如从西南换得的马品种低劣，一般用作劳役，但价格却是战马的两三倍。宋朝为了西南边境的稳定，便通过茶马交易，在经济上笼络和安抚西南少数民族。此外，宋朝时的茶马比价的变化也较大，北宋时因熙河（今甘肃临洮一带）地区为宋管辖，因此马源丰富，茶贵马贱，在宋神宗时，100斤茶可换一匹良马；但到南宋时，熙河被金所控制，马源大为减少，因此马贵茶贱，宋孝宗时，换一匹良马需1000斤茶。

元明时期的茶马贸易

由于元代的统治者来自蒙古族，作为

◆ 茶马古道遗址

"马背上的民族"，他们以游牧业为主，不缺马匹，因此茶马交易中止，直到明朝初年才得以恢复。明朝在秦（今西安）、洮（今甘肃临洮）、河（今甘肃临夏）设置3个茶马司，专司与西北少数民族的茶马交易。开始还曾推行金牌制，即以金牌为凭，每3年交易一次。后因受元朝残余势力侵扰，部分金牌散失，而逐渐废止。

明朝初期的茶马交易是由官方垄断，严禁商人介入的。而且对官茶实行榷禁，并严厉打击走私。当时的附马欧阳伦就是因为挟私茶出境，而被赐自尽。随后政策有所放宽，开始允许部分官茶商运、商茶商运。此外，朝廷对茶马的交易数量有明确规定，其目的是为了控制少数民族，使其年年买茶，岁岁进贡。同时，也有利于茶马比价的稳定，如在洪武初年，七十斤茶换一匹马；正德时，五六十斤茶换一匹马；万历时，四五十斤茶换一匹马。

清朝的茶马贸易

清初继续推行茶马交易，而且发展较快。尤其是顺治年间，不但陕西设立5个茶马司，还允许直隶河宝营（今张家口之西）与鄂尔多斯部族交易马匹。后来，又批准达赖喇嘛的建议，在云南胜州开始茶马互市。清代茶马交易，主要以笼络边民为主，管理上不及明代严格，部分配额任由商人倒卖。所得马匹数也不及明朝。

尤其是康熙以后，清朝疆域扩大，政局稳定，茶马交易的政治作用和实际需要日趋下降，导致无马可易，甚至出现了积茶沤烂的情况。康熙四十四年（1705年），西宁等地茶马交易停止；雍正十三年（1735年），甘肃茶马交易停止。从此，有着千年历史的茶马交易，在中国历史上画上了句号。

知识小百科

宋代茶马贸易的组织机构

宋代茶马贸易的组织机构主要有三大部分：

买茶场，宋代在成都府路八个州设置24个买茶场，买茶场属茶马司直接领导，但各级地方长官，也有义不容辞的监督之责。各买茶场设有专典、库秤、牙人等职位具体办理买茶和征税事宜。并制定了各场收购定额、超额奖励和欠额惩罚的条例。

卖茶场，宋代还在陕西设置了50个卖茶场。卖茶场按国家规定的价格收购茶农的茶叶，茶商必须从茶场买茶，不能与茶农直接交易。官、商、民一律禁止私贩。卖茶场主要任务是把四川运去的茶叶按官价出卖或易马，同样属茶马司领导，地方长官也有监督之责，同样制定了销售定额和奖惩条例。

买马场，宋代在熙河路设置六个买马场，后又在秦及四川的黎州、雅州、泸州等地增设。这些茶马管理机构的设置与调整，对保证茶马贸易政策的贯彻执行发挥了重要的作用。

贡茶制的起源和发展

自上古以来，茶就作为贡品进献给帝王，但是正式贡茶制度的形成在唐朝，并延续至宋、元、明、清等朝代。此外，贡茶对中国茶叶生产技术的提高和茶文化的发展起到了很大影响。

中国的贡茶起源于上古时的西周，距今已有3000多年的历史。由东晋常璩的《华阳国志·巴志》中记载了周武王时期，各诸侯国向周王朝进贡的贡品中就有"土植五谷……茶"，但这只是贡茶的萌芽，还没有形成制度。

唐代贡茶

贡茶的制度化起始于唐朝。唐朝是中国茶业发展的重要历史时期，此时社会安定、国富民强，茶性高洁清雅的品质，也深受皇室的宠爱。同时，全国经济重心的南移，极大地促进了茶叶种植业的发展，家庭的制茶作坊也相继出现，茶叶商品化、区域化、专业化特征逐渐明晰，这为贡茶制度的形成奠定了坚实的物质基础。此外，唐朝形成的茶贡制度也为历代所效仿。唐代贡茶制度有两种形式：定额纳贡制（即由地方主动贡献）和贡焙制（朝廷在产茶地直接设立贡茶院），如唐代的顾渚贡茶院。

宋代贡茶

宋代的贡茶仍沿袭唐朝的贡茶制度，但此时的顾渚贡茶院开始走向衰落，取而代之的是福建建安（今建瓯）境内凤凰山的"北苑龙焙"。"北苑龙焙"产出的贡茶也极为讲究，茶饼表面的花纹不仅要用纯金镂刻而成，还要刻成龙凤花纹，栩栩如生，精湛绝伦。这样的团茶每二十饼重一斤，而且按质量好次分成10个等级，朝廷官员按职位高低分别享用。

北苑贡茶把中国茶叶制造技术、品饮技艺提高到一个新水平，而且将茶叶的饮用价值和工艺欣赏价值完善地结合了起来，正如宋徽宗的《大观茶论》所说："本朝之兴，岁修建溪之贡，龙团凤饼，名冠天

◆ 顾渚山风光

中华文化公开课

茶文化十二讲

下……故近岁以来，采摘之精，制作之工，品第之胜，烹点之妙，莫不盛造其极"。此外，宋代的很多茶学专著，如《大观茶论》、《宣和北苑贡茶录》、《茶录》等，多是以建安贡茶为主要内容，这对研究宋代贡茶有很大的参考价值。

元明茶贡

元明时代，定额纳贡制仍在实施。但风行于唐宋的贡焙制有所削弱，这是因为明太祖朱元璋善于总结前朝的经验教训，他深知"居安虑危，处治思乱"的治国策略。而且由于他亲自参加元末农民大起义，转战江南广大茶区，对茶事也有很多接触。因此，他深知茶农疾苦，当看到精工细琢的龙凤团饼茶，认为这既劳民又耗国力，从而下令罢造团茶，只进贡散茶。这一举措，不仅对中国古代的贡茶制度产生了深远的影响，更是开了茗饮之宗。

◆ 朱元璋

清代茶贡

清代前期，贡茶依然采取的是定额纳贡制，但到了清朝中叶随着商品经济的发展、经济结构中资本主义因素的增长，贡茶制度开始消亡。这是因为全国形成了产茶的区域化市场，商业资本也开始逐步转化为产业资本，如福建建瓯茶厂不下千家，小的有工匠数十人，大者有工匠百余人。另据江西的《铅山县志》载："河口镇乾隆时期业茶工人二三万之众，有茶行四十八家"。但此时的贡茶并没有消失，各地在制做贡茶的过程中，依旧极尽精工巧制贡茶，为中国古代名茶生产起到了推进作用。

延伸阅读

普洱贡茶

普洱茶作为宫廷的贡品，起始的年代有待于进一步考证，但根据史料的记载，在清朝雍正四年（1726年）云南的普洱茶已经列为贡茶。到了乾隆六十年（1795年），云南上贡的茶已经有很多：团茶分5斤、3斤、1斤、千两、1.5两。其后，清政府又规定，贡茶由思茅置办。如《普洱府志》卷中就记载，思茅置办的贡茶有四种：团茶、瓶装芽茶、蕊茶、匣装茶膏共八色，以及白龙须贡茶和墨江的须立茶。此外，云贵总督和云南巡抚还有"按例贡进"的贡茶：普洱小茶四百圆，普洱女儿茶、蕊茶各一百圆，普洱芽茶一百瓶，普洱茶膏一百盒等等。

以早为贵的唐代贡茶

唐代贡茶制度源于皇室对佛茶的崇拜，无论是地方主动贡献的定额纳贡制还是诸如顾渚山贡茶院这样的大型官焙，都有很多苛刻的时间限制，其结果是使人民负担更为沉重。

唐代贡茶，以蒸青团饼为主，有方有圆，有大有小。贡茶品目，据李肇在《唐国史补》中记载有十余种，分别是：剑南的蒙顶石花；湖州的顾诸紫笋；峡州的碧涧、明月；福州的方山露芽；洪州的西山白露；寿州的霍山黄芽；东川的神泉小团；江陵的南木；睦州的鸠坑；常州的阳羡；余姚的仙茗等。

◆ 曾作为贡茶的"顾诸紫笋"

源于崇佛的贡茶

据史料记载，东汉时佛教开始传入中国，当时僧侣云集，各地的寺院达300多座，寺庙大多坐落于深山峡谷，人烟稀少的自然之所，因此寺院大多栽种茶树，焙制茶叶。到了唐代开元年间，泰山灵岩寺的僧人坐禅，昼夜不眠，只以饮茶来充饥，从而天下闻名。而此时的帝王也十分信仰佛教，并把敬茶作为敬佛的最高礼仪，于是王室为了满足自己物质生活和文化生活的需要，开始重视贡茶生产和贡茶制度。

贡茶制度

唐代贡茶分定额纳贡制和贡焙制。

定额纳贡制：即由朝廷选择茶叶品质优异的州郡定期定量纳贡。当时的贡茶地区共计十六个郡。这十六郡包括今湖北、四川、陕西、江苏、浙江、福建、江西、湖南、安徽、河南等地区。因此，不难看出，凡是当时有名的茶叶产区，几乎都要以茶进贡。

贡焙制：即在适宜茶树生长，且茶叶品质优异、产量集中的产茶之地，由朝廷直接设立贡茶院，专业制作贡茶，这是贡茶的另一个重要的来源。最有代表性的是湖州长兴顾渚山茶，在唐朝广德年间便被列为贡品，此后这里设置了规模宏大、组织严密、

◆ 顾渚产茶区的陆羽雕像

贡茶。贞元五年（789年），朝廷限令贡茶必须清明前到京。从长兴顾渚到京都行程三四千里，因此必须日夜兼程，快马加鞭，才能在十日之内赶到，所以叫"急程茶"。李郑《茶山贡焙歌》中写到："凌烟触露不停采，官家赤印连贴催……十日王程路四千，到时须及清明宴"。

建中二年（781年），袁高任湖州刺史，亲自督造贡茶。他深深体会到茶农为赶制贡茶的艰辛和疾苦，愤而写下《茶山诗》，随贡茶并呈唐德宗。诗中备述茶农制造贡焙的苦难和为求进身的奸人残酷压迫百姓的事实，并直言不讳地说"后王失其本"，引起德宗重视，贡茶限制遂有所减缓。清代郑元庆《石柱记笺释》中也说："自袁高以诗进谏，遂为贡茶轻省之始。"但实际上贡茶定制、贡额并未因此而有太大的改变。

管理精细、制作精良的贡茶院，它也是我国历史上第一座大型国营茶叶加工厂。

顾渚山贡茶院

顾渚山位于湖州长兴和常州宜兴交界之地，这里云雾弥漫，土壤肥沃，十分适宜茶树的种植。据《长兴县志》载："顾渚贡院建于唐代大历五年(770年)，到明洪武八年（1375年），兴盛时期长达605年"。顾渚贡茶院规模宏大，组织严密，管理精细。除中央指派官吏负责管理外，地方长官也有义不容辞的督造之责。贡茶院有茶厂30间，役工3万余人，工匠千余人。每年初春时节和清明之前，贡焙新茶制成后，就要快马专程送京都长安，不得拖延。

伤财劳民的贡茶

唐朝皇室为求显赫，还不时督促早进

延伸阅读

贡茶院的役工

唐朝的贡茶极为奢靡，据史书记载，顾渚山贡茶院"有房屋三十余间，役工三万人"，"工匠千余人"。而造茶要有一定的技能，贡茶院的劳力来源既不是奴隶，也不是番户，而是由政府控制的一部分茶叶专业户，临时以"和雇匠"方式入院造茶。"雇者，日为绢三尺"，依日纳资作为他们报酬，并有禁令防止官吏克扣他们的工资，反映了唐代生产关系的某些变化，有积极的一面。但他们对政府有依附关系，甚至没有人身自由，社会地位低下，是受压迫和受剥削者。如朝廷规定第一批贡茶要赶上清明祭祖大典。因此，工人们"选纳无昼夜，捣声昏继晨"，艰辛疲困不堪。

第七讲 茶政风云——榷茶与贡品

精致绝伦的宋代贡茶

古籍说"茶兴于唐，而盛于宋"，宋代的贡茶与前代相比更为精致奢华。尤其是在北宋历代皇帝的大力推动下，无论是贡茶的生产工艺还是数量品种都有了巨大的进步。此外，规模宏大的北苑贡焙也在客观上推动了茶业的发展。

宋代是中国茶业发展史上又一个重大时代，此时社会上的饮茶风俗已经相当普及，朝野间的"茶会"、"茶宴"、"斗茶"之风也刮遍大江南北。宋代贡茶在唐代的基础上有了很大的进步，对采摘、焙制、造型、包装、递运、进献诸方面都有明细规定。与唐代求早求量不同，宋代的贡茶更重品质，而且贡茶的名目繁多，命名也十分讲

究。此外，据《元丰九域志》所载，宋神宗时的贡茶来源已遍布江南路、南唐路、广德路、荆湖路、江陵郡、建安郡、剑浦郡等主要茶区。

种类繁多的贡茶

在中国历史上，宋代的帝王最为嗜茶，于是一些奸佞之臣就投其所好，挖空心思献上各种巧立名目的贡茶。在北宋160多年间，所创贡茶名目达四五十种之多。如《宋史·食货志》中记载：宋代贡茶之中仅片茶一类，就有龙、凤、石乳、白乳四种共十二等，用来进贡皇帝和恩赐邦国。

在北宋几乎每个时代都有新创贡茶品种，如宋真宗时的福建转运使丁谓、宋仁宗时的福建转运使蔡襄，分别创制了大、小龙团茶并献

◆ 建州北苑风景（今建瓯市东峰一带）

中华文化公开课

茶文化十二讲

给皇帝，深得皇帝赏识。对此，苏东坡在《荔枝叹》中讽刺道："君不见武夷溪边粟粒芽，前丁后蔡相笼加。争新买宠各出意，今年斗品充官茶。"到宋神宗元丰年间又有官员创制出了密云龙，它在品质上比小龙团更为精良，用双袋装盛，也叫双角龙团。宋哲宗绍圣年间还创制瑞云翔龙等等。

在北宋的众多皇帝中，以宋徽宗赵佶最为爱茶、识茶，还亲自撰写了《大观茶论》。赵佶在其《大观茶论》中力推白茶为第一佳品，然后又创出三种细芽（御苑玉芽、万寿龙芽、无比寿芽），并制成两种贡茶模型（试新銙、贡新銙）。到了徽宗宣和二年(1120年)，福建转运使郑可简别出心裁，造茶献媚，创制了银线水芽。它的特点是：精选茶叶熟芽，并剔皮取心，用清泉渍之，达到光明莹洁，如同银线的效果，上边还压上小龙纹，制作精美，令人咂舌，这种银线水芽又称作"龙团胜雪"。

恢弘的北苑贡茶

宋代贡茶的规模很大，像南唐、吴越、闽等五代遗存的割据政权均向宋朝进贡大量茶叶。宋代本土的官焙，除保留唐代的顾渚贡茶院之外，在建州北苑又设立了专门采进贡茶的官焙，称为北苑贡焙。建州的地理环境与湖州顾渚相比，丛山深岙，云雾缭绕，纬度更低，更靠南面，气候更宜种茶，还能保证"京师三月尝新茶"的要求。而且北苑贡焙规模巨大，采造之繁，动用劳工之浩，远远超过前代。由于北苑贡茶的快速发展，到南宋时，贡茶的采制中心已从湖州转移到了建州。

宋代对贡茶的要求也十分苛刻，如北苑采摘贡茶，必须在凌晨未见天日之时，所谓"侵晨则夜露未晞，茶芽肥润，见日则为阳气所薄，使芽之膏腴内耗"，可见当时对贡茶的要求之高。此外，北苑贡茶的名目也很多，而且多以雅致祥和之意命名，所以深得皇帝的欢心，贡茶数量也与日俱增。如宋太兴国初年（976年)才50斤，至哲宗元符年间，已达1.8万斤，而到徽宗宣和年间，则达4.71万余斤。

总之，宋代在建州大规模设置贡焙，在客观上有力地推动了闽南以至中国南方茶叶生产的发展。此外，当时建州所产的茶也开始从海上向海外输出，促进了中外经济文化的交流。

知识小百科

北苑茶学

北苑茶学在中国茶文化史上有着举足轻重的地位。由于北苑贡茶的兴盛，使得宋代茶学研究盛行，继陆羽的第一部茶学专著《茶经》问世之后，宋代丁谓的《建安茶录》、蔡襄的《茶录》、宋子安的《东溪试茶录》、赵汝砺的《北苑别录》等茶学专著纷纷出笼。据茶学界统计，宋、元时期茶学专著22—24部，而其间北苑茶学专著竟占三分之二，目前可看到的完本有蔡襄的《茶录》、宋子安的《东溪试茶录》、赵汝砺的《北苑别录》、赵佶的《大观茶论》、黄儒的《品茶要录》、熊蕃的《宣和北苑贡茶录》、徐火勃的《蔡端明别记》、喻政的《茶集》8部。北苑茶学专著是中华民族创造的宝贵财富，是研究中国宋代贡茶及茶史、茶学的珍贵史料。

由繁入简的元明贡茶

元明时代，泡饮散茶之风盛行，而此时的贡茶也逐渐脱离唐宋时期的精致和奢侈，逐渐走向简朴。尤其是明代废饼茶而贡散茶，更是开散茶之风。但是，由于官吏的盘剥，明代茶农的负担更为沉重。

元代是中国贡茶承上启下的时期。此前，茶叶生产多以饼茶为主。而到了元代之后，除了继续前人的饼茶制造，还出现散茶的生产，而且逐渐成为茶叶的主流形式。此时的团饼数量很少，仅限于充贡，主要是供皇室宫廷所用。民间饮茶之风多趋向条形散茶。

元代的官焙

作为游牧民族的统治阶级在入主中原之后，逐渐接受了汉族的茶文化的熏陶。元代宫廷饮茶就有宋代的遗风。因此，元代贡茶也基本沿袭宋代的旧制，元大德三年（1299年）在武夷四曲溪设焙局，又称御茶园，其规模宏大，焙工数以千计。据董天工在《武夷山志》中记载，元顺帝至正末年（1367年），贡茶额达990斤。后来贡茶院逐渐移到顾渚，重新恢复了湖州、常州等处贡茶园，并设置提举官专门掌管贡茶。

元朝的统治者虽然也极为重视贡茶，但是没有唐宋王朝那样奢侈讲究。虽然保留和恢复了一些宋代的御茶园和官焙，但是贡茶制有所削弱。据统计，在元朝全国只有

120处茶园受朝廷控制，专门制造贡茶。可见，元朝的贡茶已经开始走向简朴，即使一些精品散茶、末茶在元代王室宫廷中也有所应用。

此外，元代茶叶的饮用方式，主要还是沿袭前人的煎煮之法，但也开始出现了泡茶方式。同时，蒙古宫廷饮茶，除了吸收了汉族的饮茶方式之外，还结合本民族饮茶特点，形成了具有蒙古特色的饮茶方法。

明代贡茶变革

明代，唐宋时期的贡焙制有所削弱。因为明太祖朱元璋出身贫寒，他在起义期间曾转战江南很多茶区，深知茶农的疾苦，他在南京称帝后，下诏废除官焙，停造龙凤团茶，改贡芽茶。这一举措，实质上是把我国唐代炙烤煮饮团饼茶，改革为直接冲泡散条茶"一瀹而啜"法，开启了我国数百年的茗饮之宗，客观上把我国造茶法、品饮法推向一个新的历史时期，具有重要的历史意义和现实意义。

茶叶的产制方法在明代也发生了很大的变革，不但将饼茶改成了散形茶，而且将

◆ 朱元璋塑像

年间，光信府官员曹琥曾上书《请革贡茶奏疏》称："本府额贡芽茶，岁不过二十斤。迩年以来，额贡之外有宁王府之贡，有镇守太监之贡……如镇守太监之贡，岁办千有余斤，不知实贡朝廷者几何？"此外，据明代史籍记载，万历年间(1573–1620年)，富阳县以鱼和茶交贡，苦不堪言，韩邦奇《茶歌》中写道："鱼肥卖我子，茶香破我家"，此外他还道出了劳动人民的感叹："富阳山，何日摧？富阳江，何日枯？山摧茶亦死，江枯始无。"可见，明朝的贪官污吏借贡茶牟取私利，广大茶农受尽盘剥，度日维艰。

蒸青改为炒青，为今日绿茶生产奠定了基础。到了明中后期，改制已臻完善。同时，由于明代贡茶采用散茶，所以宋代建立的北苑龙团贡茶制度，在历时260多年的风雨之后，终于走到了历史尽头。

明代茶农的沉重负担

明初，由于太祖朱元璋诏令罢龙团、停官焙之举，贡茶的数量有所减少，曾一度减轻了劳动人民的负担，但此后又逐渐增加。据《明史·食货志》记载，太祖时期，建宁贡茶1600余斤，到隆庆时期，已增至2300斤。其他地方的贡茶，比宋时还多。如宜兴明初时进贡100斤，但到了宣德年间增至29万斤。

明代贡茶增加之多之快，有相当一部分是由于督造官吏的层层盘剥。明孝宗弘治

知识小百科

元代宜兴贡茶

宜兴古称阳羡，自汉代起就种植茶业，是我国享有盛名的古茶区之一。自唐代开始提供贡茶，为历代宫廷王室所喜爱。可能宜兴一带加工的茶叶，适合蒙古贵族的嗜好，元朝在贡茶院外，又在顾渚设置了一个名为"磨茶所"的贡茶官署。顾渚磨茶所和唐朝的贡茶院一样，也兼管宜兴的贡茶。而且元代宜兴茶进贡的数量还是相当可观的。元朝进贡的宜兴茶主要是一种"金字末茶"，但这种茶在后代几乎无人论及，从宜兴产茶的实际情况看，很可能是一种散装的红茶。宜兴历史上曾出产一种叫"离墨红筋"的发酵茶，实际上是一种自然发酵的茶叶，从"金字末茶"四个字的字面理解，极有可能是当时利用生产极品贡茶后的"剩余料"经发酵后生产的红碎茶。

重现辉煌的清代贡茶

清代贡茶的规模也很大，很多有名的贡茶都是皇帝钦赐其名。而且在贡茶的采制工艺上也有很大的创新，但这只是中国传统贡茶制度的回光返照。随着商品经济的发展和自然经济的瓦解，贡茶制度最终走到了尽头。

到了清代，茶业生产进入鼎盛时期，此时也形成了以产茶著称的区域和区域化市场。贡茶的产地也进一步扩大，江南、江北的著名产茶地区都有贡茶，还出现了大量的历史名茶。

钦定的贡茶名号

在清代，贡茶的品种很多，而且很多贡茶的名字是由皇帝亲自赐封的。康熙三十八年(1699年)，圣祖玄烨南巡路过江苏太湖，巡抚宋荦用洞庭山所产的"吓煞人香"茶进贡。康熙品尝之后大为赞赏，赐名"碧螺春"。从此，该茶每年必采办进贡，并成为绿茶的极品，中国茶之代表。

乾隆十六年(1751年)，高宗弘历南巡，为尝尽地方名产，他诏令天下："进献贡品者，庶民可升官发财，犯人重刑减轻。"徽州名茶"老竹铺大方"，就是当时老竹庙和尚大方所贡之茶。高宗就赐以"大方"为茶名，也岁岁精制进贡。

贡茶虽然促进了当地茶叶发展，但也加重了劳动人民的生活负担。陈章《采茶歌》中对茶农采制龙井茶的艰辛给予了深切的同情："焙成粒粒比莲心，谁知侬比莲心苦。"

◆ 嗜好饮茶的康熙皇帝玄烨

贡茶的采制工艺

清代，贡茶在明代的基础上有所扩大，以烘青茶与炒青茶为主，制作工艺更加精细，外形千姿百态。此间，武夷山御茶园荒

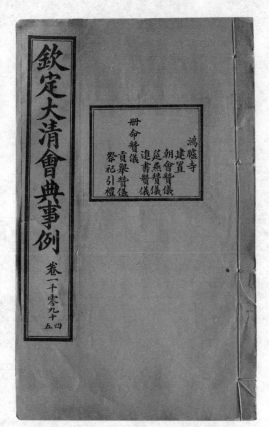

可见，清代皇室所消耗的贡茶数量之惊人。此外，贡茶运京期限，也按路程远近有明确规定，不得延期。如庐州府期限为谷雨后25日内，赣州府期限为谷雨后83日内。

清代前期，虽然继续延续前朝的定额纳贡制，但是随着清朝中叶社会商品经济的发展，经济结构中资本主义因素的增长，传统的贡茶制度开始走向没落。到了清朝末期，由于西方列强的入侵和自然经济的瓦解，流传千余年的贡茶制度最终消亡。

◆《清会典》记录了清朝时期贡茶的状况芜，茶叶向三坑两涧转移。茶农以传统做制茶工艺，创制了乌龙茶，后来又出现红茶。在其他贡茶产地出现了黄茶、黑茶以及白茶和花茶等，广大茶区形成了多品种的贡茶。

贡茶的数额

清代茶叶的贡额，由中央政府明确规定。据《清会典》载，康熙二十三年（1684年），贡芽茶额为：江南省广德、常州、庐州三处，725斤；浙江省505斤；江西省450斤；福建省2350斤；湖广省200斤。另据查慎行所编《海记》记载，康熙年间各地贡茶列有条目：江苏、安徽、浙江、江西、湖北、湖南、福建等省的七十多个府县，每年向宫廷所进的贡茶即达一万三千九百多斤。

第七讲 茶政风云——榷茶与贡品

149

第八讲
民俗茶流派——流芳有瑞芬

闽粤功夫茶

功夫茶，并非一种茶叶或茶类的名字，而是一种泡茶的技法，因为这种泡茶的方式极为讲究，其"功夫"也是指沏泡的学问、斟品的技巧。这是汉族的一种饮茶风俗，在中国南方长盛不衰。

功夫茶历史悠久，在中国福建和广东一带很为盛行，也留下了许多趣事。传说古代有一富翁，十分喜好功夫茶。一天，来了一个乞丐，倚门斜立，瞟着富翁说："听说你家的功夫茶不错，能否见赐一杯?"富翁说："你一个乞丐也懂品茶?"乞丐说："我以前也是富裕人家，因好茶才破家。"

◆ 功夫茶具

富翁斟茶给他，他喝后说："茶的确好，只可惜未到最醇厚，原因是茶壶较新。我有一个茶壶，凡出门都随身携带，就是挨饿受冻也未曾转让给人。"富翁拿过来一看，造型精绝，泡出的茶更是味道芳醇，非同一般，

于是富翁便要买下此壶。乞丐说："我不能全卖，只卖一半给你。此壶值三千金，你给我一千五，我回去安置妻儿。以后再经常来与你品茗清谈，共享此壶，怎么样?"富翁欣然答应。由此也可看出此富翁也是个茶痴。

功夫茶是汉族的饮茶风俗之一。地道的潮汕功夫茶，所用的水需是山坑石缝之水，而火必须用橄榄核烧取，茶罐则用酥罐，还得选用上等乌龙茶，经过独特的冲泡方法，才能充分表现出功夫茶所特有的色、香、味。

功夫茶的冲泡艺术

功夫茶的冲泡很讲究，第一步是准备茶具，即"备具迎客"，有些地方在冲泡前还焚香奏乐，观赏干茶，称为"观赏佳茗"。第二步是烫杯，当水烧至二沸时(此水不嫩也不老)进行，烫杯的动作有个很好听的名字，叫"狮子滚球"。它可以使杯壶受热升温，同时也起到消毒杀菌的作用。在整个泡饮过程中还要不断淋洗，使茶具保持清洁和有相当的热度。

第三步是放茶，用茶针把茶叶按粗细

◆ 功夫茶馆

分开，先放碎末填壶底，再盖上粗条，把中小叶排在最上面，以免碎末堵塞壶内口，阻碍茶汤顺畅流出。茶叶放量一般以占壶三分之二较适宜。第四步是用沸水冲茶，循边缘缓缓冲入，形成圈子，以免冲破"茶胆"。冲水时要使壶内茶叶打滚。第五步是"洗茶"，通常乌龙茶的第一泡是不喝的。当水刚漫过茶叶时，立即倒掉，把茶叶表面尘污洗去，使茶之真味得以充分体现。第六步是"重洗仙颜"。第二次将沸水注入茶壶，并把壶中的泡沫刮出，再在壶的表面反复浇上几遍沸水，这样可以"洗"去溢在壶上面的白沫，同时起到壶外加热的作用，使茶叶的精美真味浸泡出来。最后一步是"闷茶"，一般需要2—3分钟，如果时间太短，茶叶香味出不来，时间太长，茶又会泡老，影响茶的鲜味。

功夫茶的斟品艺术

功夫茶泡好后，斟茶的方法也很独特。茶汤要轮流注入茶杯之中，但是不可一次倒满，每杯先倒一半，周而复始，逐渐加至八成，使每杯茶汤均匀，色泽一致，

这个动作名叫"关公巡城"。斟茶则还要先沿着茶杯的边缘注入，而后再集中于杯子中间，并将罐底最浓部分均匀斟入各杯中，最后点点滴下，此谓"韩信点兵"。因为这种泡茶方法，茶汤极浓，往往是满壶茶叶，而汤量很少。客人取杯之后，不可一饮而尽，而应拿着茶杯从鼻端慢慢移到嘴边，趁热闻香，再尝其味。品饮之前还可鉴赏茶汤三色(呈金、黄、橙三色)。闻香时不必把茶杯久置鼻端，而是慢慢地由远及近，又由近及远，来回往返三四遍，顿觉阵阵茶香扑鼻而来，慢慢品饮，则茶之香气、滋味妙不可言，达到最佳境地。

延伸阅读

功夫茶的"四宝"之说

品饮功夫茶，素有"四宝"之说。"四宝"即供春(或孟臣)冲罐、若琛瓯、玉书碨、潮汕烘炉。

供春、孟臣皆为茶壶名，即小紫砂茶壶，是明代艺匠供春、清代艺匠孟臣烧制。这种茶壶不仅造型独特，颜色深厚，尤以紫色最佳，而且吸水力甚好，泡出的茶叶香味能持久不散，味道清醇，隔夜不馊。

若琛瓯为一种小薄瓷杯，是清代烧瓷名匠若琛制作。其造型小巧，可容水三四毫升，胎质细腻，薄如蝉翼，三个杯叠起，可含于口中而不露，与孟罐合称茶具双璧，多为景德镇出品。

玉书碨一般是扁形的薄瓷壶，能容水200毫升，大多为陶质，相传是艺匠玉书烧制，能耐冷热急变。

潮汕炉则是选用潮汕地区枫溪一带高岭土烧制，唐宋时出名，高40厘米左右，通红古朴，通风性能好，水壶中的水渗流炉中，火犹燃，炉不裂。现今的潮汕烘炉大多用白铁制成。

藏族酥油茶

藏族的酥油茶浓涩带咸，油香醇美，风味独特。它不仅是藏民日常饮食中的必备之物，还有很多美丽的传说，同时敬酥油茶是藏族最为庄重的礼节。

传说在很久以前，一对男女青年在放牧中遥相歌唱彼此相爱，男的叫文顿巴，女的叫美梅措。他俩的相爱遭到了姑娘的主人、一个凶恶的女土司的反对，她指使打手们用毒箭射死了年轻英俊的文顿巴。善良的美梅措悲痛万分，在焚烧文顿巴尸体的时候，她冲进大火一起化为灰烬。狠毒的女土司知道后，又下令设法把他俩的骨灰分开埋葬。可是第二年在埋骨灰的地方长出了两棵树，枝桠相抱，象征着他俩永恒的爱情。女土司得知之后，又生毒计，命人将树砍断。于是，他们又变成一对比翼双飞的鸟儿，一个乘祥云来到藏北羌塘变为白花花的盐，一个腾云雾飞到林芝变为嫩绿的茶林。每当藏人捧起酥油茶的时候，便会想起这对生死不离的情侣。

实际上，藏族饮酥油茶的风俗习惯，还应归功于文成公主。文成公主入藏时，带去了内地的茶叶，并提倡饮茶，而且亲制奶酪和酥油，创制了酥油茶，还赏赐给一些大臣，自此酥油茶便成了赐臣敬客的隆重礼节。后来，酥油茶流传到民间，成为藏族人民的一种饮食风俗。

藏人的必备之茶

藏民常年居住在高原山区，气候寒冷干燥，水果蔬菜缺少，人体不可缺少的许多营养，如维生素类的营养物质非常稀缺，主要靠茶来补充，并借助它来解渴、消食、除

◆ 文成公主雕像

腻。故藏民把酥油茶看得和其他主食一样重，不可一日或缺。

藏族的日常主食是糌粑，牛、羊肉和奶制品，吃饭还加上茶、酥油和奶渣。如糌粑是将青稞或豆类晒干、炒热，磨成粉，吃之前把粉放在碗里，加上酥油茶，用手不断地搅匀，最后捏成团，吃时还要用手不断地在碗里搅捏。而且，藏民在接待尊贵客人时，总是以献酥油茶来表示敬意。

酥油茶的制作之道

酥油茶的制作原料，除了茶叶之外，还有酥油、盐巴和各种作料，如核桃泥、芝麻粉、花生仁、瓜子仁和松子仁等。佐料可根据饮者不同的爱好或口味选择和增减。藏民家中都备有一个专门打酥油茶的黄铜箍茶桶，制作酥油茶时，先把茶叶捣碎，倒入茶壶，煮沸半小时。同时，把酥油、精盐、少许牛奶倒进干净的茶桶内，待茶水熬好后倒入茶桶。接着，用拉杆上下来回有节奏地敲打，直到茶桶中的酥油、茶、盐及其他佐料已混为一体。酥油茶打好以后，将其倒进茶壶内加热1分钟左右即可饮用。饮用此茶时，有时还要轻轻摇晃几下茶壶，使水、乳、茶、油交融，滋味就更加可口了。

酥油茶的饮用风俗

酥油茶是藏民必备的待客饮料。喝酥油茶讲究一定的礼节。主妇先把装有糌粑的木盒(或精美的竹盒)放在桌子中间，每人面前放好茶碗。主人依次为客人倒酥油茶，热情地喊着"甲通、甲通"，意即请喝茶。客人在喝酥油茶时，还要用手指拈起糌粑丢入口中。

敬酥油茶是藏族最为郑重的礼节之一，在重大节日，或重要客人来访时，藏族就是用献酥油茶的隆重仪式接待的。主人请喝酥

◆ 酥油茶和牦牛肉

油茶，一般是边喝边添，不可一口喝完，否则与当地的风俗相悖，会被视为是一种不礼貌的举动。通常第一碗应留下少许，意思是还想再喝一碗，以表示主人手艺的认可。如果喝了第二、第三碗后，不想再喝了，待主人再次添满后，或客人在辞行时，应一饮而尽，这样才符合藏族的习惯。

知识小百科

喝酥油茶的程序

藏族喝酥油茶有一套完整的规程：

1、客人在藏式方桌前坐好，主人将一只木碗放到客人面前。

2、倒茶时，主人将茶壶轻轻摇晃几次，以使茶油匀称，但壶底不能高过桌面，以示对客人的尊重。刚倒下的酥油茶，客人不马上喝，要先和主人聊天。

3、客人喝茶时，先用无名指沾茶少许，弹洒三次，奉献给神、龙和地灵。在酥油碗里轻轻地吹一圈，将浮在茶上的油花吹开，然后呷上一口，并赞美道："这酥油茶打得真好，油和茶分都分不开。"饮茶不能太急太快，不能一饮到底，留一半左右，等主人添上再喝。

4、客人把碗放回桌上，主人再给添满。就这样，边喝边添，一般以喝三碗为吉利，不可一口喝完。

蒙古族奶茶

蒙古族用砖茶、鲜奶、盐熬制而成的奶茶，既有奶的芳香却不像奶那么腻，又有茶的清淡却不像茶那么涩，堪称饮品中的奇珍。

蒙古族人以游牧为生，因此他们以牛、羊肉和奶制品为主食，喜欢吃烤肉、烧肉、手抓肉和酸奶疙瘩等。蒙古族人还提倡"三茶一饭"，即每天早、中、晚要喝三次茶，只在收工回家的晚上，一家人才欢聚一起吃一顿饭。其中的"三茶"也不是单纯的饮茶，而是有许多辅食，如炒米、奶饼、油炸果、手扒肉、馍馍和酥油等。而且喝的也不是清茶，而是加了盐的奶茶，富含营养。因此，即便是"三茶一

◆ 香喷喷的奶茶

饭"也不会有饥饿感。

蒙古族的奶茶情结

蒙古民族特别喜欢喝咸奶茶，并将其视为上等饮品，一日三餐均不能缺少。若有客人至家中，热情好客的主人一定会斟上香喷喷的奶茶，表示对客人的真诚欢迎。如果客人光临家中而不斟茶，就会被视为草原上最不礼貌的行为，并且还会将此事迅速传遍每家每户，从此各路客人均绕道而行，不屑一顾。如若去亲戚朋友家中做客或赴重大的喜庆活动，要是带去一块或几块熬制奶茶的砖茶，则被认为是上等的礼物，不仅大方、体面、庄重、丰厚，而且会赢得主人的赞誉。

奶茶的制作风俗

一般而言，蒙古族妇女煮奶茶的手艺都很高明。因为在蒙古族风俗中，姑娘在未出嫁之前，母亲就要向她传授煮茶技艺。儿女结婚时，新娘到男方家，拜过天地，见过公婆后，第一件事，就是在前来贺喜的亲朋好友面前，展示煮茶的本领，并亲自敬茶，让宾客们品饮，显示不凡的煮茶手艺。否则，就会被认为缺少家教，不善打理家事。

蒙古族的奶茶用的是青砖或黑砖等紧

茶文化十二讲

中华文化公开课

◆ 砖茶

热气腾腾的奶茶端到你的面前，为你接风洗尘。蒙古包的长条木桌上还摆放手抓肉、炒米、奶制品、点心等辅茶之物，任客人享用。只要置身其境，就会感到一股暖流涌上心头。尤其是家中有重要客人来访，女主人会把茶壶交给男主人，由男主人把第一碗茶用双手递给坐在席位正中的长者或客人，其后，向两旁依次递过。待大家有了茶后，主人便招呼大家喝茶。假如是远道来的客人，主人还会热情相劝，希望客人多喝几碗。

压茶。煮茶的方法，因地区不同而各有差异。煮茶时，先将砖茶砸碎、掰成小块，放入茶壶或锅内，再加水煮沸，而后加入适当的鲜奶。接着放上盐，就算把咸奶茶烧好了。煮咸奶茶表面看起来十分简便，其实，用什么锅煮茶、茶放多少、水加几成、何时投奶放盐、用量多少，都大有讲究。其中，最为正宗的做法是，将掰开砸碎的砖茶用铜茶壶煮沸，过一夜，第二天把澄清的茶水倒入水桶，用有8个圆孔的木塞上下捣动，直到把浓茶捣成白色为准。将捣好的茶水倒入锅内，加入牛奶、羊奶或骆驼奶以及黄油、葡萄、蜂蜜、食盐和萝卜干的细面儿，再点火烧沸即成。奶茶做到器、茶、奶、盐、温五者相互协调，达到热乎乎、咸滋滋、油糯糯的效果。

奶茶的品饮风俗

蒙古族人十分好客，当客人进入蒙古包坐定之后，主人便热情地用双手把一碗

延伸阅读

哈萨克族的奶茶

哈萨克族最为普遍的食物就是手抓羊肉和奶茶，这与当地的风俗和自然条件有关。喝奶茶已成为当地生活的重要组成部分。与蒙古族奶茶不同，它是用小汤勺舀上稠厚的牛奶放在茶碗里，再先后兑入茶汁和白开水，再放上两块方块糖，便可以用馕蘸着酥油、蜂蜜饮用。哈萨克族牧民习惯于一日早、中、晚喝三次奶茶，中老年人还得在上午和下午各增加一次。如果有客人从远方来，那么，主人就会立即迎客入帐，席地围坐。好客的女主人当即在地上铺一块洁净的白布，献上烤羊肉、馕、奶油、蜂蜜、苹果等招待，再奉上一碗奶茶。然后一边谈事叙谊，一边喝茶进食。喝奶茶对初饮者来说，会感到滋味苦涩而不习惯，但只要在高寒、缺蔬菜、食奶肉的北疆住上十天半月，就会感到喝奶茶实在是一种补充营养和去腻消食的最佳饮料。

瑶族打油茶

瑶族饮食中盛行一种"打油茶"，它做法讲究、佐料多样、香气逼人、营养丰富，具有特殊的风味。因此，凡在喜庆佳节，或亲朋贵客进门，瑶族人总喜欢用油茶来款待客人。

据说，明朝时千家洞瑶人不交皇粮，官府派兵清剿，于是千家洞瑶族人逃到了广西恭城一带，其中有一支瑶族八房人，人数比较多，选择了地势较平坦的嘉会定居下来，他们到此后不仅延续了瑶族的文化，而且带来了瑶族的美食——油茶。嘉会瑶族的油茶之所以得到传播，是因为嘉会瑶族定居

◆ 瑶族打油茶

在茶江河边，掌控着茶江水道。清朝时，在茶江上打渔的人，都要向他们交税。他们建

有唐黄庙，每三年举行一次盛大的庙会，对前来参加庙会的外族人，八房人都用打油茶盛情接待。所以，附近各族群众都来踊跃参加，喝油茶及油茶待客的习俗得以传播。

"油茶"，又称"打油茶"或"煮油茶"。主要流行于广西东北部、贵州东南部和湖南西南部等地区，是瑶族、侗族、苗族、壮族等民族的传统食品，其中瑶族的油茶最具代表性。

瑶族有家家打油茶、人人喝油茶的习惯。一日三餐，必不可少，早餐前吃的称为早餐茶，午饭前吃的称晌午茶，晚餐前吃的称为后晌茶。

打油茶的制作工艺

打油茶的制作类似于烹炸食品，第一步是炸"阴米"（阴米即是将糯米蒸熟晾干而成），将茶油（其他植物油不能用）倒入铁锅之中，将油烧热煮沸后，把阴米一把

一把地放入油锅。当阴米被炸成白白的米花浮在油面，米花荡起汤油后，放在竹制的小盘内。第二步是炒花生仁、炒黄豆、炒玉米或其他副食品。第三步是煮油茶，茶叶一般用当地出产的大叶茶，也有的是用从茶树上刚采下的新鲜叶子，讲究的必须选用"谷雨茶"，一定要在清明至谷雨采摘的，要求芽叶肥壮。凡芽长于叶、叶柄稍长、雨水叶、紫色叶、虫伤叶、瘦弱叶一概不取。煮油茶前，先把茶叶放在碗内，用温水浸泡片刻，准备好切成片状的生姜和葱花。等锅热了，放入茶叶和生姜，并用木槌将其捣烂，然后加进水、油、葱、盐等熬煮十分钟左右，香气四溢的油茶就做成了。

打油茶的食用方法

瑶族打油茶虽然叫"茶"，但并不是单纯的饮料，它更像是一种日常的食物。瑶族人进餐时，全家人都围坐在火塘边，主妇把碗摆在桌面上，在每只碗内放上少量葱花、茼蒿、菠菜等，然后用滚开的油茶一烫，随后再加入两匙米花、花生、黄豆等佐料，最后由主妇一碗一碗递给全家人吃。瑶族的打油茶集咸、苦、辛、甘、香五味于一体，早上喝它食欲大增，中午喝它提精养神，晚上喝它消除疲劳；盛夏喝它消暑解热，严冬喝它祛湿驱寒。瑶族人日常食用油茶时，副食品也可视具体情况增减，当然也有只饮油茶的吃法。但如果是招待客人，那么就需准备丰盛的副食了。

打油茶的待客之道

在瑶族的习俗中，打油茶不仅是一种生活必需品，更是当地待客的一种礼俗。按瑶族的风俗，凡是到家里来的客人，不喝饱油茶是不准走的。主妇给客人敬上油茶后，还会在碗旁摆上一根筷子，筷子是用来拨碗里佐料的。主人敬茶的次数最多可达十六次，最少不少于三次。如果客人喝了三碗不想要了，那就用筷子把碗里的佐料拨干净吃掉，然后把那根筷子横放在碗口上，主人就不会再给客人添油茶了，如果筷子总往桌子上放，主人就会给客人继续添油茶。

延伸阅读

侗族的"油茶会"

侗族人也喜好喝油茶，而且还举办规模不等的茶会：

小型油茶会，一般是亲戚之间在春节期间的小聚会。人数一二十人，可轮流招待吃油茶，互祝新年愉快、五谷丰登、六畜兴旺等，大家谈谈笑笑，气氛祥和欢乐。

中型油茶会，大都是娶媳妇、嫁女儿、生小孩、新居落成的主人家请客吃油茶。这种油茶会一般有三四十人参加，人们纷纷前来向主人道喜祝贺。

大型油茶会是在全寨男女青年聚会、议事、娱乐时举行，或者是为寨与寨之间的男女青年间的社交活动而举行的。譬如，某一寨的男女青年要到另一寨去集体做客，为了商议准备事项而举行的油茶会，就是大型油茶会。另外，集体做客回来，对方送了糯米粑粑，就要举行全寨油茶聚会，庆贺这次社交活动的成功。这种油茶会的规模可达到一百多人。

土家族擂茶

居住武陵山区一带的土家族，千百年来流传着一种古老的擂茶。擂茶不仅喝起来清凉可口，滋味甘醇，又有防病抗衰之功效。它不仅是土家族的常备饮品，也是其招待宾客的传统礼仪。

关于擂茶的起源，传说三国时张飞率兵进攻武陵壶头山（今湖南省常德县境内），路过乌头村时，正值盛夏，军士个个精疲力尽，再加上这一带流行瘟疫，数百将士病倒，生命垂危。张飞只好下令在山边石洞屯兵，健康的将士，有的外出寻药求医，有的帮助附近百姓耕作。当地有位土家族老人，见张飞军纪严明，所到之处，秋毫无犯，非常感动，便主动献出了祖传秘方——擂茶。士兵服后，病情好转，避免了瘟疫的流行。为此，张飞感激不已，称老人为"神医下凡"，说："真是三生有幸！"从此以后，土家族百姓也养成了喝擂茶的习惯，而且也把擂茶称为"三生汤"。

擂茶的制作工艺

土家族居民制作擂茶时，一般选取新鲜茶叶、生姜、生米为原料，视不同口味，按一定的比例混合后放入擂钵中。擂钵是用山楂木制成，中间为一弧形凹槽，槽中放一个两头有柄的碾轮，双手推动碾轮，可将三种原料研成糊状。然后将糊状原料倒入锅中，加水煮沸5—10分钟，便制成擂茶。擂

茶之所以能治病健身，是因为其中的茶可清心明目、提神祛邪；姜能理脾解表、去湿发汗；生米则可健胃润肺、和胃止火。茶、姜、米三者相互搭配协调，更有利于药性的发挥，经常饮用，的确能起到清热解毒、通肺的功效。因此，传说中的擂茶是治病良药，也具有一定的科学道理。

擂茶的食用风俗

一般来说，土家族人冬天喝擂茶是用开水冲饮，到了夏天则加白糖用凉水调匀饮

◆ 擂茶的原料

用。夏天的擂茶，大多是以茶叶、生姜、芝麻为原料，用木杵擂磨成糊状后，加适量冷开水调成茶汁，贮于瓦罐内。喝时只要舀出

几勺子，即可冲成一碗擂茶。实际上，擂茶中的配料除了茶、姜、米，还可增配炒芝麻、花生仁、炒黄豆、绿豆、玉米、炒米花等。这样吃茶可以达到香、甜、咸、苦、涩、辣一应俱全的效果。也可根据每个人的不同口味，或加盐巴，或加白糖，咸味甜味各取所需。此外，喝擂茶还有许多辅助食品，如瓜子、豆类、墩子、米泡、锅巴、坛菜、桂花糖、牛皮糖等等，大碟小盘，少的七八种，多的则不下三四十种。

◆ 客家人的擂茶早点

"送擂茶"的传统礼仪

擂茶不仅是土家族的日常饮品，也是其招待宾客的一种礼仪。有些地区还有贺喜吃擂茶的习俗，但最有代表性的是新房落成之后的"送擂茶"。

送擂茶时，要用一个精致的大茶盒装好。茶盒用香樟或杉木制成，并漆成鲜红色，上面镂刻着花鸟等图案，有的茶盒上还绘着《王母庆寿图》，两边刻有对联："茶糖果豆香喷喷，福禄寿禧乐盈盈。"打开茶盒，里面有四格雕龙镂凤的活动匣子，每格可放两个碟子。八个碟子里都盛满了各种"换茶"（一种茶点）。最底下一层是一个单独的大匣子，似抽屉形状，装饰得更加漂亮，里面放着已经擂好了的擂茶粉。

送擂茶之人要一手提着茶盒，一手燃放鞭炮进屋。主人也放鞭炮迎接。等客人到齐后，主人就把送来的那些擂茶粉分别倒进几个大茶缸里并冲上开水，然后把换茶一碟一碟端出来摆在桌子上，一般一桌摆八个碟子和一钵擂茶。吃擂茶时，除客人外，还要把左邻右舍都请来。这时往往挤满了一屋子

人，有的还端着茶碗走来走去，这桌品一番，那桌尝一下，看哪个送来的擂茶味道更好。欢声笑语，不绝于耳，充满了欢乐祥和的气氛。吃过擂茶之后，主人在退还亲朋的茶盒时，要在原先放擂茶粉的匣子里回赠一条新手巾，表示主人的感激之意。

延伸阅读

客家的擂茶

客家人也有煮擂茶的习俗，制作客家擂茶的主料很简单，主要是大米或爆米花，但配料很复杂，先把花生、芝麻、茶叶、金不换或者苦辣芯，放在擂钵里，用擂茶棍擂成糊糊，冲上开水，然后在砂锅里炒些萝卜干、甘蓝菜、大葱、青葱、黄豆、树菜等等，或者再配些瘦肉丝、虾仁米、鱿鱼等，最后将主料和配料混合即可。客家的擂茶吃起来甜、酸、辣、苦、咸五味俱全，很有风味。特别是到了每年正月初七，家家户户都吃擂茶，因是初七用七种菜，故称"七样菜茶"，也有用十五种菜的，则称"十五种菜茶"。此外，擂茶也是客家的待客礼仪，如姑娘出嫁之前，凡是接受喜糖的邻居，也要请新娘吃擂茶，以表祝贺之意。

白族三道茶

　　三道茶不但历史悠久，也是白族人用来招待客人的一种茶礼。三道茶的泡茶程序和其中"一苦、二甜、三回味"的人生哲理，更是体现了白族人民对生活的态度和对人生的认识。

　　关于三道茶的来历，还有一个传说。很久以前，在大理苍山脚下，住着一位老木匠。一天，他对徒弟说："你要是能把大树锯倒，并且锯成板子，一口气扛回家，就可以出师了。"于是徒弟找到一棵大树便锯了起来，但还未将树锯成板子，就已经口渴难忍了，徒弟只好随手抓了一把树叶，放进口中解渴，直到日落，才将板子锯好，但是人却累得筋疲力尽。这时，师傅递给徒弟一小包红糖笑着说："这叫先苦后甜。"徒弟吃

◆ 苍山之麓，白族人的家园。

后，顿时有了精神，一口气把板子扛回家。此后，师父就让徒弟出师了。分别时，师父舀了一碗茶，放上些蜂蜜和花椒叶，让徒弟喝下去后，问道："此茶是苦是甜？"徒弟答："甜、苦、麻、辣，什么味都有。"师父听了说道："这茶中情由，跟学手艺、做人的道理差不多，要先苦后甜，还得好好回味。"

　　自此，白族的三道茶就成了晚辈学艺、求学时的一套礼俗。随后三道茶的应用范围日益扩大，成了白族人民的一种风俗。

三道茶的历史

　　三道茶起源于唐朝，当时南诏国的白族人民就有了饮茶的习惯，尤其是每逢有重大祭祀、作战凯旋、迎接国宾、南诏王出巡等各种盛典，都要举行"三道茶歌舞宴"。唐代天宝年间，西南节度使郑回奉命出使南诏国，南诏王就以盛大的"三道茶歌舞宴"为郑回接风。而且南诏王为了强健身体，延年益寿，每天清早都喝三道茶。三道茶在南诏中期，才开始从宫廷流传到民间的大户人家。最初专供长辈60岁生日时在寿宴上饮用，以祝老人吉祥。后来，也用于婚礼。到了宋元时期，白族民间普遍风行三道茶，用来招待远道而来的客人，三道茶的冲泡方式，也渐渐形成了一套程序。

◆ 三道茶图

三道茶的敬客风俗

白族是十分好客的民族，他们以敬客的"三道茶"而闻名遐迩。当客人到来时，主人立即在火盆上架火烤茶，待砂罐预热之后，再放入茶叶，用文火慢慢煽炒。每隔30秒钟左右，提起茶罐反复抖动多次，直到茶叶微黄、逸出香气时，再把用铜壶烧开的泉水冲进茶罐中，浸泡1—2分钟，即可将茶汤倾入一种叫牛眼睛盅的小瓷杯中，这就是头道茶。头道茶茶汤甚浓，俗称"苦茶"，代表的是人生的苦境，只有敢于吃苦，才能事业有成。

头道茶泡成之后，主人会将盛满茶汤的小瓷杯放在红漆木托盘里，然后依次敬给客人。敬茶时，主人先将茶杯双手齐眉举起，然后递给客人。客人双手接茶时，说声"难为你"（即谢谢之意），主人回一句"不消难为"（意思是不必谢）。如果主人家的年长老人也在座，客人必须将茶转敬给主人家的最长者。等到在座的人都轮敬一遍以后，才可以品饮。按规矩，喝头道茶时，客人应双手捧杯，必须一饮而尽。

喝完头道茶之后，主人会在砂罐里再注满开水。然后把切薄的核桃仁片、烤乳扇（用牛奶提炼制成的地方名特食品，其形状呈扇状）、红糖等配料放入茶碗内，待砂罐中的水烧开后倒入茶碗即可敬献给客人。这就是第二道茶，它香甜可口，营养丰富，俗称"甜茶"，具有滋补的作用。寓意为先苦后甜，苦尽甘来。同时，用以祝福客人生活美满，万事如意。

第二道茶喝完之后，主人又会将蜂蜜、姜片、桂皮末、花椒等按比例放入特制的瓷杯中，然后倒入滚沸的茶水，泡成第三道茶。此道茶集甜、麻、辣、涩、苦于一体，令人回味无穷，故俗称"回味茶"。回味茶具有温胃散寒、滋阴补肾、润肺祛痰等功效，代表的是人生的淡境，寓意人要有淡泊的心气和恢弘的气度，才能从容地回味过去的酸甜苦辣。

延伸阅读

吴江的三道茶

除了白族之外，江苏吴江也有三道茶，主要流行于吴江西南部的农村，它的特点是"先甜后咸再淡"。头道茶也叫饭糍干茶，但这是一道不用茶叶的茶礼，只是饭糍干加糖冲上开水泡成的。它的饮用十分方便，但饭糍干的制作却非常复杂，所以也彰显出此茶在礼仪上的重要性。这道茶一般是用来招待贵客，或是招待第一次上门的新客。第二道是熏豆茶。主要用料是熏豆和茶叶，再辅以炒熟的芝麻、晒干的胡萝卜条和橘子皮，还有新鲜的震泽黑豆腐干之类。此茶的特点是多色多味，乡土气息浓郁。最后一道是清茶，当地人又称之为淡水茶，就是用开水冲泡的茶叶。所以吴江三道茶的程序大致可以概括成：先吃泡饭，再喝汤，最后饮茶。

商榻"阿婆茶"

　　阿婆茶是商榻地区流传的一种饮茶习俗，其主要形式为邻里之间轮流做东，大家以茶为媒介，沟通心灵，互通信息，营造和谐的邻里关系。此外，阿婆茶的"炖茶"方式也很有古韵。

　　关于"阿婆茶"有一段动人的传说。据说，很早以前，在淀山湖中的山上住着一个名叫阿蒲的老婆婆。她在山上种了许多茶树，每年春季采茶的时候，阿蒲总会带上她的茶叶到各地销售。路经商榻时，她看见一群穷苦的乡亲们，就顺手送了一些茶叶给他们。以后每年的这个时候她都这样做。此后商榻就开始有了茶叶，乡亲们也养成了用茶解渴的习惯。过了很多年，淀山湖中的山忽然不见了，阿蒲也不知去向。但喝茶的习俗却在商榻"生根发芽"，人们为了纪念这好心肠的阿蒲婆婆，就把所喝的茶称做"阿蒲茶"。后来，人们觉得这样直呼其名，不太尊重阿蒲婆婆了，于是把"蒲"改成了"婆"，从此商榻人喝茶又有了一个更响亮的名字——阿婆茶。

　　当然也有专家从科学的角度对"阿婆茶"的历史进行了考证，从许多商榻居民家中保存下来的祖传茶具（如印有宋代景德年号的青花小瓷碗、釉色艳丽、图案华美的盖碗，形象逼真、古朴典雅的莲花观音茶壶和胎薄质细、小巧玲珑的茶盅等等）之中，可以看出 "阿婆茶"至少产生于元明时期，但是确切的年代尚无定论。

"阿婆茶"的茶艺

　　商榻的男女老少都喜爱喝"阿婆茶"，而且这种茶对水、器的讲究也很奇特。水一定要用河里的活水，水壶往往是陶瓦之器。炉子则是用烂泥、稻草和稀泥后套成的，叫风炉。据说可以省柴，而且火很旺。"阿婆茶"还有一种古老而又别具风韵的喝茶方

◆ 阿婆茶

式——"炖茶"。即用陶瓦罐盛水，并用木柴燃煮，其间禁止与金属物品接触，据说这样可以使茶的色、香、味保持原味。此外，

◆ 商榻镇的周庄风情

般人家的花生、糖果，熏豆、咸菜、萝卜干等。老太太们寒暄一番后，便入座，边喝茶吃糖果，边谈论天南地北的奇闻轶事及家庭生活琐事，饮完后再约定下次的"东家"。商榻的青年一般在晚上喝"阿婆茶"，与老人相比他们的饮茶方式比较欢快，不仅人数多，而且气氛热烈，有唱小调的、说评书的还有拨弄琴弦的，别有一番风味。

沏茶也要用密封性能较好的盖碗，并注意掌握沏茶的时间和水量。首次沏茶，一般只能用少量的开水沏泡，这叫"点茶"。然后，迅速将盖子捂上，隔5分钟，再冲入开水至八分满即可。商榻人喝"阿婆茶"时，还讲究茶点。除了为大众所熟悉的咸菜，还备有橄榄、话梅、蜜枣、花生、糖果、瓜子以及各色糕点等等。

"阿婆茶"的品饮习俗

商榻一带的人们喝"阿婆茶"，一般是在三个时间段，即上午七八点钟，下午二三点钟和晚上七八点钟。喝茶人数一般三五人为一组，喝茶时主人要在桌上盛几碟腌菜、酱瓜、酥豆、萝卜干之类，以供喝茶者品尝。但是最为传统的"阿婆茶"习俗是在商榻镇西隅的周庄，喝茶者多为五六十岁的老妇人，每到下午，她们便在"做东"的老人家中聚集，拿出祖传的茶具、上好的茶叶，用风炉炖开冲泡，并备有各式茶点，既有蜜枣、桂圆等高级蜜饯或干果，也有一

第八讲 民俗茶流派——流芳有瑞芬

165

第九讲
茶典汇总——烹茗著奇书

陆羽与《茶经》

　　具有传奇身世的陆羽，用毕生精力撰成中国第一部茶学专著《茶经》，按源、具、造、器、煮、饮、事、出、略、图叙述了唐以及唐以前的茶事，《茶经》的问世标志着中华茶文化的确立。

　　陆羽(733—804年)，字鸿渐，号竟陵子、桑苎翁、东岗子，唐复州竟陵(今湖北天门)人。陆羽是一个弃儿，三岁时(735年)被竟陵龙盖寺住持智积禅师在西湖一带捡得。后来，他"以《易》自筮"，得到"渐"卦，卦辞为"鸿渐于陆，其羽可用为仪"，由此，他以"陆"为姓，以"羽"为名，以"鸿渐"为字。

陆羽身世的传说

　　在湖北天门城关的西边，有一道石拱桥，叫做古雁桥。传说，这里就是陆羽出生的地方。

　　在唐朝的时候，有一天，智积禅师到湖滩上散步，看到一群大雁围着芦林乱飞，芦林里传来婴儿啼哭的声音，智积用手分开芦林一望，看见一个小婴儿，有三只大雁，正在喂婴儿吃食。积公和尚看呆了，嘴里连连说："善哉善哉！出家人有好生之德，哪能见死不救。"他便弯下腰，把婴儿抱回庙里抚养。过了两天，智积禅师给婴儿命名。智积先想给他取名"飞升"，见婴儿哇哇啼哭不止，又想取名"法智"，婴儿仍啼哭不止。禅师为难了半天，心里想，这孩子也许不是佛门子弟，他猛然想起了三只鸿雁哺食一事，借三只鸿雁六个翅膀，给他取名"陆羽"吧！积公刚想到这里，怀中婴儿就不哭了。

　　这个故事流传于湖北天门县陆羽的故

◆ 陆羽雕像

茶文化十二讲

中华文化公开课

乡，其中所说的陆羽身世与真实的情形也有很大出入，因为它是根据人民的想象和愿望而加以传奇化，从而为陆羽罩上了一个神奇的光环。这也反映了故乡人民对陆羽的爱戴。

陆羽《茶经》的主要内容

佛门出身的陆羽不但熟悉茶事，而且还以煎得一手好茶而闻名。作为一个有心人，陆羽一直注意收集历代茶叶史料，并亲自参与调查和实践，总结几十年宝贵经验，撰成《茶经》一书，《茶经》全书共分三卷十节，7000余字，分别按源、具、造、器、煮、饮、事、出、略、图叙述了唐以及唐以前的茶事。

源：论述茶的起源、名称、品质，介绍茶树的形态特征、茶叶品质与土壤的关系。

具：详细介绍制作饼茶所需的19种工具的名称、规格和使用方法。

造：讲茶叶种类和采制方法，指出采茶的要求，并提出了适时采茶的理论。

器：详细叙述了28种煮茶茶具，还论述了各地茶具的好坏及使用规则。

煮：写煮茶的方法和各地水质的优劣，叙述饼茶茶汤的调制，着重讲述烤茶的方法。

饮：讲饮茶风俗，叙述饮茶风尚的起源、传播和饮茶习俗，提出饮茶的方式方法。

事：叙述古今有关茶的故事、产地和药效。

出：评各地所产茶的优劣，并将唐代茶叶生产区域划分成八大茶区，按品质分为四级。

略：谈哪些茶具、茶器可省略以及可以省略哪些制茶过程。

图：提出把《茶经》所述内容写在素绢上挂在座旁，《茶经》内容就可一目了然。

陆羽《茶经》的历史意义

《茶经》是中国茶文化发展到一定阶段的产物。对唐代及唐代以前的茶的历史、产地、功效、栽培、采制、煎煮以及饮用都作了充分的阐述，对茶树起源的研究具有重要意义，也奠定了现代茶树栽培技术的基础，具有极高的理论价值。同时，《茶经》中提出的茶道精神和茶艺、茶道要素，也推动了茶文化的形成，是当代茶文化的重要参考文献。故此，《茶经》可以说是中国古代最完备的一部茶书，它的出现标志着中国茶文化在唐代中期的正式确立。

延伸阅读

陆羽弃佛从文的传说

"茶圣"陆羽，是个孤儿，是被智积禅师捡到并抚养成人的。相传，陆羽虽然在庙中长大，却对佛门之事毫无兴趣，更不愿诵经念佛，而是喜欢吟读诗书。因此，陆羽执意要下山求学，遭到了智积禅师的反对。禅师为了给陆羽出难题，同时也是为了更好地教育他，便叫他学习茶艺。在钻研茶艺的过程中，陆羽碰到了一位好心的老婆婆，不仅学会了复杂的冲茶技巧，更学会了不少读书和做人的道理。当陆羽最终将一杯热气腾腾的苦丁茶端到禅师面前时，禅师答应了他下山读书的要求。后来，陆羽撰写了广为流传的《茶经》，奠定了中华茶文化的基础。

赵佶与《大观茶论》

《茶经》问世之后，相继出现许多茶学专著，其中《大观茶论》就是一部代表性的茶学著作。它是宋徽宗赵佶御笔所著的茶书，从茶叶的栽培、采制、烹点、鉴品，到点茶、藏焙的方法都进行详细地描述，至今还有很大的借鉴和研究价值。

宋徽宗赵佶(1082—1135年)是宋神宗第十一子，北宋的第八任皇帝。赵佶多才多艺，却治国无方。他在位期间疏于朝政，政治腐朽黑暗，但他精通书画、音律等，对茶艺也极为精通。他自己嗜茶，也提倡人们饮茶。他以御笔编著了举世闻名的茶书《大观茶论》，这在我国历代君王中是绝无仅有的。他认为茶是灵秀之物，饮茶除了可以享受芬芳韵味，还令人清和宁静。宋代斗茶之风盛行，制茶工艺精湛，贡茶品种繁多，都与赵佶爱茶有关。

《大观茶论》包括序、地产、天时、采择、蒸压、制造、鉴辨、白茶、罗碾、盏、筅、瓶、水、点、味、香、色、藏焙、品名和外焙等20项，比较全面地论述了宋代茶业、茶道的发展情况、茶叶的特点和当时茶事的各个方面。全书2800余字，其中对采摘、制作、品尝、烹煮的论述最为精辟，它反映了北宋茶业和茶文化的发展，至今仍有参考价值。

茶叶品质形成

赵佶精研茶叶，深知茶叶品质的形成与茶叶的生长地、生长环境、采摘、蒸压、制造等紧密相关。制造茶叶，芽叶、器具必须洁净，火功要好。当天采摘的芽叶当天加

◆ 宋徽宗赵佶

工，不然将影响茶叶的品质。这与今天做出好茶的基本要求完全一致。同时，在水的选用上，则以山泉之水为上。赵佶指出"水以清轻甘洁为美，轻甘乃水之自然，独为难得。"

茶叶的鉴别

赵佶提出，茶的色泽，以当天采摘当天加工的为最好，隔天加工的则差。精品茶汤晶莹透亮，茶芽细小实重。如赵佶在论及茶叶的品质时认为："茶以味为上，甘香重滑，为味之全。"又说："茶有真香，非龙麝可拟。……和美具足，入盏馨香四达，秋爽洒然。"即说茶味甘甜，茶香浓郁，色泽光润为好。

茶艺的规则

《大观茶论》最精彩的部分是"点"篇，即对茶艺茶道规则的论述。此篇见解精辟、阐述深刻，总结了当时上层社会人士普遍流行的点茶法，对点茶的茶艺技法做了详尽的描述。《大观茶论》首先指出了"一点法"和"静面点法"的不正确之处，详细描述了如何正确的点好茶：要点出上好的茶汤，必须取茶粉适量，注入水的方法还要得当，要经过七次注水和击拂，才可饮用。

茶道精神

宋徽宗赵佶在《大观茶论》中从文化学的角度提出了茶道精神。宋徽宗在序中说："至若茶之为物，擅瓯闽之秀气，钟山川之灵禀，祛襟滞，致清导和，则非庸人孺子可得而矣。冲闲洁，韵高致静，则非遑遽之时可得而好尚矣"，对茶人的饮茶心境和情性陶冶做了高度概括。

◆ 宋代建窑茶盏

宋徽宗以茶叶专家姿态撰写的《大观茶论》的影响力是巨大的，不仅促进了茶业的发展，同时推进了中国茶文化的发展，最终使得宋代成为中国茶业和茶文化的兴盛时期。

延伸阅读

赵佶"以茶封官"的荒诞之事

宋徽宗赵佶主政期间奸臣当道，民不聊生，也出了不少荒诞之事。因为赵佶嗜茶如命，故而宫廷斗茶之风盛行，为了满足皇室奢靡之需，贡品品目数量愈多，制作愈精。宋徽宗也大量提拔贡茶有功的官吏。宣和二年庸臣郑可简创制了"银丝水芽"，制成了"方寸新夸"。这种团茶色白如雪，故人们称之为"龙团胜雪"。因此他深受赵佶的宠幸，升至福建转运使。以后郑可简又命他的侄子到各地山谷去搜集名茶，得到一种叫"朱草"的名茶，郑可简又让自己的儿子去进京贡献，果然也因献茶有功而得官。之后，郑可简大摆筵宴，亲朋好友都来祝贺，他得意地说："一门侥幸"。他侄子则因朱草被夺而愤愤不平，当场就顶了一句："千里埋怨"。事后，有人讥讽赵佶"以茶封官"说："父贵因茶白，儿荣为草朱。"

许次纾与《茶疏》

跛脚文人许次纾的传世之作《茶疏》，主要从茶的产地、制茶之法、收藏、用水、煮茶方法、品饮、环境等诸多方面进行了论述，被后人誉为"深得茗柯至理，与陆羽《茶经》相表里"，至今仍有很大的借鉴意义。

许次纾(1549—1604年)，字然明，号南华，明代钱塘人。据相关史料记载，许然明是个跛子，但是他却很有文采，也是一个性情中人。传说他爱好搜集奇石，又好品泉，还很好客。虽然自己没有多少酒量，但宴请宾客时却经常是通宵达旦，有饮则尽，非常爽快。许次纾的父亲是嘉靖年间的进士，官至广西布政使。许次纾则因为有残疾没有走上仕途，终其一生只是一个布衣百姓。他的诗文很多，可惜大部分都已经失传，只有《茶疏》还留传于世。

产茶之地

关于产茶，许次纾认为南方比北方更适于种茶，科学地阐述了茶产地对气候条件的要求。他还发现钱塘诸山北麓所产的茶叶，由于施肥过勤，使茶芽生长过快，鲜叶内涵成分积累时间过短，造成茶叶香气不足。

制茶之法

关于采茶，许次纾认为谷雨前后是采茶的最宜时节。炒茶则不宜久炒，鲜叶入锅要适量，火也不易过大，否则容易使茶香散失。炒茶所用的木材要选用细枝条。炒制茶

◆ 《赏梅品茗立轴》 清末 吴昌硕

叶时，先用小火，待到鲜叶柔软时再用大火，快速炒干。

藏茶之道

瓷瓮是收藏茶叶的最适宜器具。用来贮茶的瓷瓮必须干燥，四周围以厚箬，中间存放茶叶。茶叶取用的时间也有讲究，阴雨天则不宜开瓮，必须等到天气晴朗之日。而取茶之前，先要用热水洗手，擦拭干净之后再行取茶。

煮茶之具

对于煮茶用水，许次纾提出，"水为茶之母，器为茶之父"，由此可见择水的重要。他提出，"古人品水，以金山中冷泉为第一，庐山康王谷为第二，今时品水，则以惠泉为首"。煮茶的器具也不要用新的，因"新器易败水，又易生虫"。

泡茶之法

茶具在泡茶之前就要准备好，而且必须保持茶具干燥和洁净。木炭也要先烧红，目的是去其烟气，以免烟气进入茶汤之中。木炭烧红后再放上盛水的器皿，泡茶之水既要烧开又不能煮老。烹茶时先要洗去沙土，这对茶性的把握很重要。取茶也特别讲究，切忌茶叶提早取出。而是水好入壶之后，即刻把茶叶投入壶中，加上盖子。并快速除去第一次浸润的水，这与今天茶艺中常提到的"洗茶"有相似性。之后再次冲入沸水，利用水进入茶具中的冲击力使茶叶翻滚，这样茶叶的香气才显露出来。

茶具选择

许次纾在谈到茶具时精简地提出了选择的原则和标准，其中包括产地、材质、做工、制作名家等。指出银制的茶具比锡的好，劣质的紫砂壶对茶的滋味、品质影响极大，不宜采用。

饮茶氛围

古人对于饮茶环境颇有要求，一般会在住所之外另建茶寮。茶寮建造要求"高燥明爽，勿令闭塞"，这与我们今天建造茶馆时要求"干燥洁净，宽敞亮"是完全一致的。许次纾还提出"粗童、恶婢"不宜用，其中深含道理。品茗本来是一件高雅之事，粗童、恶婢与这一氛围格格不入。此外，寮内的摆设也很有讲究。

延伸阅读

许次纾品茗的"三巡"之道

许次纾笔下的饮茶氛围，是传统文人茶的典型代表。他认为名优绿茶以一巡、再巡为好，他在《饮啜》一章提出的"三巡"之说颇有生活情趣："一壶之茶，只堪再巡。初巡鲜美，再则甘醇，三巡意欲尽矣。余尝与冯开之戏论茶候，以初巡为婷婷袅袅十三余，再巡为碧玉破瓜年，三巡以来，绿叶成阴矣。""三巡"之说可能是从宋代大文人苏轼的茶诗名句"戏作小诗君勿笑，从来佳茗似佳人"生发开来的。比较之下，"佳人"之比高雅，"三巡"之说则有亵渎女性之嫌。现代文学大师林语堂的"三泡"之说，与"三巡"之说异曲同工。

蔡襄与《茶录》

北宋蔡襄不但是一位大书法家，也是一位茶文化学家，他编写的《茶录》标志着中国传统茶艺的形成，也开创了茶艺美学的境界，是宋代茶书的代表之作。

蔡襄，字君谟，谥忠惠，兴化仙游(今属福建)人。天圣八年(1030年)进士，任西京留守推官。庆历三年(1043年)知谏院，进直史馆，兼修起居注，次年知福州，转福建路转运使，监造小龙团茶，名重一时。后迁龙图阁直学士知开封府、枢密直学士知福州、端明殿学士知杭州。他还是一位书法家，与苏轼、米芾、黄庭坚并称"宋四家"。

蔡襄不但在文学方面造诣较深，而且对植物学也颇有研究，他生于茶乡，习知茶事，又两知福州，采造北苑贡茶，茶文化造诣颇深。尤其是农艺名著《茶录》影响很大。《茶录》作于皇佑三年(1051年)，传世版本达十余种。

《茶录》的写作缘起

蔡襄之所以编写《茶录》，就不得不提丁谓，这个人的人品和为政之道在历史上贬多于褒，然而在中国茶文化史上，他却是一个重要人物，宋代的北苑贡茶龙团凤饼的创始人便是他。宋咸平年间，丁谓任福建转运使，他在监制龙凤贡茶的过程中，将自己的所观所感进行了一番理论总结，撰写了《北苑茶录》三卷，这是我国第一部记载北苑茶事的开山之作。十分遗憾的是，《北苑茶录》没有流传下来。

蔡襄作为一个行政官员，他在丁谓任福建转运使40年后，有幸忝列其职，尽力监制贡茶，他将丁谓创制的北苑大龙凤团，改成小龙凤团，又奉旨制成"密云龙"，使北苑贡茶在质量上更上一层楼，愈发名扬天下。他在长期实践中，成为制茶和品茶的行家，他有感于陆羽《茶经》没有谈及建安茶，丁谓的《北苑茶录》只谈建安茶的采造之法，"至于烹试之法，曾未有闻"。于是蔡襄在

◆ 蔡襄雕像

◆ 蔡襄手书《茶录》

家，他以艺术的眼光来分析北苑贡茶的烹试，首先他强调茶饮过程中的"色彩美"，提出了茶色贵白的美学观点。为了使茶色更白，他用绀黑色的兔毫茶盏，在黑白分明的强烈对比中，茶汤之色更为鲜明；第二，在北苑茶的味与香方面，他大力推崇茶的"真"，追求北苑茶的真香正味。因此他反对宋代盛行在茶中加入香片的做法。这种贵白贵真的观点，表明了蔡襄在茶饮中所孜孜追求的自然之美。

《茶录》虽然篇幅简短，仅800字，但是内容却丰富而精到，是一部具有美学意蕴的茶典，其中所反映的美学思想，是茶文化向更高阶段发展的重要标志，《茶录》也成为继陆羽《茶经》之后最有影响力的论茶专著之一。

皇佑三年(1051年)撰写了这本《茶录》，这也是北苑茶典中最富有特色的一部茶书。

《茶录》的内容和特色

蔡襄的《茶录》共19目，分为上下二篇，上篇茶论，分色、香、味、藏茶、炙茶、碾茶、罗茶、候汤、熁盏、点茶10目，主要论述茶汤品质与烹饮方法；下篇器论，分茶焙、茶笼、砧椎、茶钤、茶碾、茶罗、茶盏、茶匙、汤瓶9目，谈烹茶所用器具。比较详细地介绍了北苑茶的品质、品尝、保存及茶器具的特色。据此，可见宋时团茶饮用状况和习俗。

蔡襄作为宋代著名的书法家和文学

延伸阅读

蔡襄的茶事

蔡襄极为爱茶，在他老年得病后，却不能饮茶，但他每日仍以煮茶品器为乐，可见其嗜茶如命。历史上也有很多他与茶的一些趣闻：有一次，他与苏舜元斗茶。蔡襄使用的是上等精茶，水选用的是天下第二泉惠山泉，苏舜元选用的茶劣于蔡襄，用于煎茶的却是竹沥水。结果，在这次斗茶中，蔡襄输给了苏舜元。蔡襄还有一段趣闻：一天，欧阳修把自己的书《集古录目序》弄成石刻，因此就去请蔡襄帮忙书写。虽然他俩是好朋友，但蔡襄一听，就向欧阳修索要润笔费。欧阳修知道他是个茶痴，就说钱没有，只能用小龙凤团茶和惠山泉水替代润笔，蔡襄一听，顿时欣喜不已，说道："太清而不俗。"于是，两人会心而笑。

罗廪与《茶解》

明代茶人罗廪不仅从小爱茶，还亲身种茶、制茶，并结合自己十余年的切身体会，撰成了《茶解》。此书不仅提出了茶叶园艺的概念，而且对茶叶的种植和炒制技术也进行了革新和总结。

罗廪，明朝宁波慈溪（今宁波江北区）人，中国古代著名书法家、学者、隐士。他的家乡也是贡茶产地，他生活在明朝后期万历年间，此时皇帝怠政、政治腐败，淡泊名利的罗廪就就归隐山野，开辟茶园，以植茶、造茶、品茶为生，过着闲情逸致的生活。虽然生活清贫，但立志不渝，锲而不舍，总结前人经验，亲自参与实践，历经十载，于万历三十三年著成《茶解》。

《茶解》全书约3000字，前有序，后有跋，分总论、原、品、艺、采、制、藏、烹、水、禁、器等十目，对茶叶栽培、采制、鉴评、烹藏及器皿等各方面均有记述，既科学，又富有哲理，不仅弘扬了中华茶文化，更起到了传播茶叶科技知识的作用。

茶叶园艺概念的提出

《茶解》有许多创新之处，尤为突出的是，罗廪首次提到茶叶园艺概念。唐代之前的茶树以野生为主，陆羽《茶经》称"野者上，园者次"，随着茶树栽培、育种技术的提高，大多栽培茶质量已超越野生茶。罗廪根据长期实践，对茶树的栽培、施肥、除草、采制、储藏等技术进行了改善和提高，提出了一些茶树的种植原理，如在夏秋等干旱高温季节，要防止茶树在烈日下曝晒，因为漫反射的光线更有利于积累茶叶营养成分。再如，茶树之中也以适当套种些桂、梅、兰、菊、桃、李、杏、梅、柿、橘、白果、石榴等花木、果木。因为茶树的花、叶可以吸收这些花果的香气。

茶树种植技术的革新

经过十余年的辛勤耕耘，罗廪对植茶技术的研究取得了新的成果。他在《茶解》中讲到"秋社后，摘茶子水浮，取沉者。略晒去湿润，沙拌，藏竹篓中，勿令冻损。俟春旺时种之。茶喜丛生，先治地平正，行间疏密，纵横各二尺许。每一坑下子一掬，覆以焦土，不宜太厚，次年分植，三年便可摘取。茶地斜坡为佳，聚水向阴之处，茶品遂劣。故一山之中，美恶相悬。"可见，罗廪既否定了唐宋以来的"植而罕茂"的种植传统，又提出了"覆以焦土，不宜太厚"的种植技术，这在当时而言可谓茶叶种植技术的重大革新。

中华文化公开课 茶文化十二讲

绿茶炒制技术的总结

罗廪对绿茶炒制也进行了全面的总结。他指出，采茶"须晴昼采，当时焙"，否则就会"色味香俱减"。采后的茶要放在筐中，不能置于漆器及瓷器内，也"不宜见风日"。炒制时，"炒茶，铛要热；焙，铛宜温。凡炒止可一握，候铛微炙手，置茶铛中，札札有声，急手炒匀，出之箕上薄摊，用扇扇冷，略加揉挼，直至烘干。""茶叶新鲜，膏液就足。初用武火急炒，以发其香；然火亦不宜太烈，最忌炒至半干，不干铛中焙操，而厚罨笼内，慢火烘炙。"罗廪通过自己的亲身实践对当时的制茶工艺进行了全面的研究，这在当时的文人中是少见的。而罗廪的这些经验之作，也是中国古代茶书中有关制茶最为全面、系统的总结。

◆ 《青卞隐居图》元 王蒙。
此画描绘了隐士归隐林泉，
品茗写诗的文人生活。

延伸阅读

罗廪对烹茶之水的见解

罗廪对水的见解很为奇特，他认为"水不难于甘，而难于厚，亦犹之酒不难于清香美冽，而难于淡。""瀹茗必用山泉，次梅水。梅雨如膏，万物赖以滋长，其味独甘。《仇池笔记》云，时雨甘滑，泼茶煮药，美而有益。梅后便劣，至雷雨最毒，令人霍乱。秋雨冬雨，俱能损人，雪水尤不宜，令肌肉销铄。梅水须多置器，于空庭中取之，并入大瓮，投伏龙肝两许，包藏月余汲用，至益人。伏龙肝，灶心中干土也。""梅雨宜茶而秋雨、冬雨、雪水均损人。"这些见解在未作科学测定之前，只能说是一家之言。

朱权与《茶谱》

在散茶大行、饮茶风气为之一变的明王朝，朱权受时代风气的影响，以自己特殊的政治地位和人生经历，结合自己对茶的理解，撰成《茶谱》一书，对明代饮茶模式的确立和茶文化的发展产生了极为深远的影响。

朱权(1378—1448年)是明太祖朱元璋第十七子，为朱元璋所宠信。洪武二十四年(1391年)受封为宁王，洪武二十六年就驻大宁(今辽宁沈阳一带)。据《明史》记载，当时的大宁地理位置十分险要，为军事"重镇"，而朱权也是最有实力的藩王之一。

朱元璋令其掌握强兵猛将，镇守北边军事要塞，目的是防备元室卷土重来。建文元年(1399年)，燕王朱棣起兵靖难，朱权被迫屈从燕军，替燕王起草文书。朱棣靖难成功后登上皇位，于永乐元年(1403年)，改封朱权到南昌。朱权到南昌不久就被人诬告有"巫蛊诽谤事"，因查无实据作罢。此后，朱权为远祸避害，开始深自"韬晦"，不问世事，还著成《茶谱》一书，以茶明志。

朱权著《茶谱》的渊源

作为一个有特殊背景的文人，朱权著《茶谱》是有所寄托的。他在《茶谱·序》中说："予尝举白眼而望青天，汲清泉而烹活火。自谓与天语以扩心志之大，符水火以副内炼之功。得非游心于茶灶，又将有裨于修养之道矣，岂惟清哉？" 由此可见，朱权

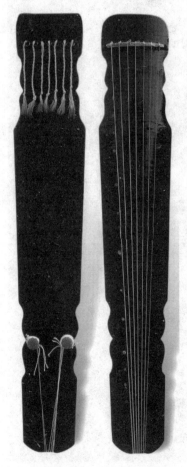

◆ 宁王朱权的"中和琴"。朱权不但善于茶道，而且兼善琴棋书画，对古典音乐的整理也作出了巨大的贡献。

茶著书的目的是为了自保。《茶谱》除绪论外共16则，约2000字，分品茶、收茶、点茶、熏香茶法、茶炉、茶灶、茶磨、茶碾、茶罗、茶架、茶匙、茶筅、茶瓯、茶瓶、煎汤法、品水诸章，所述多有创见。如他将明初的饮茶之法与前代相比，指出前人饮茶的不足之处，意在较量优劣，别出心裁，自成一家之言。

《茶谱》的深远影响

朱权对后世茶饮的贡献主要表现在以下几个方面：

首先，他将饮茶看作一种"修养之道"，这在《茶谱·序》中说的较为明确。除上文引述的一段话外，他接着说："凡鸾俦鹤侣，骚人羽客，皆能志绝尘境，栖神物外，不伍于世流，不污于时俗。"在这里，朱权实际上把普通的饮茶提升到"道"的高度，不仅完善了唐宋以来的茶道艺术，而且为明及以后的文人茶饮向雅致化方向发展作了理论上的铺垫。

其次，他主张饮茶与自然环境的融合。"或会于泉石之间，或处于松竹之下；或对皓月清风，或坐明窗净牖。乃与客清谈款话，探虚玄而参造化，清心神而出尘表。命一童子设香案，携茶炉于前，一童子出茶具，以瓢汲清泉注于瓶而炊之。"在这里，泉、石、松、竹、皓月、清风、明窗、净牖、香案、茶炉、瓢、瓶、清泉等，构成一个完整的意境，实现了人与自然的高度契合，达到了物我两忘的境界。自陆羽著《茶经》就讲求饮茶与自然的统一，至宋几乎中断，到了元代又向自然回归，至明代朱权，重新成为高雅茶文化的核心。

最后，他对废除团茶后所实行的新品饮方式进行了探索，简化了传统的品饮方式和茶具，开一代清饮之风。朱权主张保持茶叶本身的色、香、味以"遂其自然之性"。此外，与明代散茶的饮用相配合，朱权还创造了自饮茶以来所未有的"茶灶"。与前人相比，朱权在茶具上多有省俭，黜金银不用而代之以竹、木、石等物，使茶又回到了清俭的轨道上来。朱权的品饮艺术，后经顾元庆等人的反复改进，形成了一套简便新颖的叶茶烹饮方式，于后世影响深远。

延伸阅读

朱权"借茶保身"

朱元璋时期，朱权被分封在河北会州，与燕王朱棣等节制沿边兵马。后朱棣发动兵变，胁迫朱权出兵相助，并许以攻下南京后，与他分天下而治。经过四年战争，朱棣打败建文帝，但朱棣即位后只字不提分治天下，还将朱权从河北徙迁至江西南昌，并夺其兵权。朱权遭此重创，内心十分苦闷，即求清静和韬晦。于是，他在南昌郊外构筑茶室，寄情于茶道，自号臞仙。朱权晚年还信奉道教，乐于清虚，悉心于茶道，并将饮茶经验和体会写成了《茶谱》。朱权嗜好茶学皆为自保之计。但是其后代看来并未承袭这套家学，就在朱权死后70年（即1519年），宁王朱宸濠在南昌起兵争夺皇位。这次叛乱很快即被扑灭，朱宸濠被处死，宁王之藩也被撤除。

张源与《茶录》

茶人张源结合明代饮茶生活的实际和个人的亲身体会著成《茶录》，此书不但对制茶工艺进行了经典的总结，而且也有很多创新之处，对后世的茶业发展产生了很大影响。

张源，明代著名茶人，字伯渊，号樵海山人，洞庭西山（今江苏吴江一带）人。他为人淡泊致远，常年隐居于山野之中，有隐君子之称。据明代戏剧家顾大典为《茶录》所作的序文介绍，张源对茶很有体验，"隐于山谷间，无所事事，日习诵诸子百家言。每博览之暇，汲泉煮茗，以自愉快，无间寒暑，历三十年，疲精殚思，不究茶之指归不已"。经过他的不懈努力，终于在万历二十三年（1595年）著成《茶录》一书。

《茶录》内容简明，篇幅不长，全书共计1500余字，而且正文之中是以《张伯渊茶录》为题。其内容分为采茶、造茶、辨茶、藏茶、火候、汤辨、汤用老嫩、泡法、投茶、饮茶、香、色、味、点染失真、茶变不可用、吕泉、井水不宜茶、贮水、茶具、茶盏、拭盏布、分茶盒、茶道23则。

茶叶的种植和采摘

据张源《茶录》中所讲，洞庭西山一带盛产碧螺春，当时人们对于采茶的时间、天气、地点的要求比较严格。如文中提出"采茶之候，贵及其时，太早则味不全，迟则神散。以谷雨前五日为上，后五日次之，再五日又次之"。又提出"彻夜无云，露采者为上，日中采者次之，阴雨中不宜采"。而在张源之前的有关史志资料，只讲到碧螺春采摘前要沐浴更衣，贮不用筐，"悉置怀间"而别无其他记载。

此外，《茶录》还对茶树

◆ 洞庭西山村镇。张源就在这一带隐居，并著书立说。

◆ 《调琴品茗图》 明 陈洪绶

的生长环境、土质也进行了论述，认为"产谷中者为上，竹下者次之，烂石中者又次之，黄砂中者又次之"。

茶叶的制造工艺

关于制茶的方法，元代农学家王祯在《农书》和《农桑撮要》中已有记载，但记载得很简略，而张源《茶录》不但对当时苏州洞庭的炒青制茶工艺记述得很完整，而且对当地的制茶经验总结得也很精辟。他指出，茶的好坏，在乎始造之精。"优劣定乎始锅，清浊系于末火。火烈香清，锅寒神倦；火猛生焦，柴疏失翠，久延则过熟，早起却还生。熟则犯黄，生则着黑。顺那（挪）则甘，逆那则涩。带白点者无妨，绝焦点者最胜。"这些归纳，不但提炼了炒青制茶各道工序所需要注意的要点，而且有些提法，也达到了较高的理论水平，真实地反映了明末清初苏州乃至整个太湖地区炒青技术的实际水平。这些经典的总结，对今天生产高标准绿茶，仍有很大的参考价值。

张源的煮水之艺

张源在《茶录》一书中还列出了"汤辨"一条，详细介绍了煮水的技巧。他指出煎水（烧开水）分为三项大辨，十五项小辨。一是对（水面沸泡）形状的辨别，二是对（水沸时）声音的辨别，三是水气的辨别。例如，虾眼、蟹眼、鱼眼、连珠（按水沸腾时气泡的从小到大，分为这几个档次）都是萌汤（刚烧开时的水），直到水沸腾时翻腾的波纹，水气都没有了，才是煎水完成。如果水气一缕、二缕、三缕、四缕，杂乱交织，氤氲缠绕，都还是萌汤。要直到水气往上冲，那才是煎水完成。

第九讲　茶典汇总——烹茗著奇书

周高起与《阳羡茗壶系》

《阳羡茗壶系》是中国历史上第一部关于宜兴紫砂茶具的专著，它的作者周高起不仅是一位紫砂壶的研究大师，同时也是一位藏书家、文学家。他在紫砂收藏和研究中取得的丰硕成果，为后世紫砂茶具的发展指明了方向。

周高起，明末著名学者、藏书家。他历经了明朝的万历、天启、崇祯和清朝顺治时期，见证了国家的衰亡和朝代的变迁。周高起的家庭具有浓郁的文化气息，因此他从小便喜欢读书，其文章深得人们的赏识，后来与徐遵汤同修《崇祯江阴县志》八卷，还著有《读书志》十三卷、《洞山茶系》等著作。此外，周高起还是一位紫砂工艺的研究专家和紫砂壶的收藏家。

由于明代制茶和饮茶方式的变革，引起人们对新茶具的追求，江苏宜兴紫砂壶茶具迎合了明代文人雅士的需求，因而很受欢迎，大有取代瓷器茶具的趋势。于是一大批研究紫砂茶具的文献在明代涌现出来，其中以周高起所著的《阳羡茗壶系》最为有名，它是系统论述紫砂茶具的第一部专著，涉及的内容十分广泛，是后人研究明代紫砂工艺不可缺少的重要文献。

周高起的紫砂收藏之路

周高起是一位紫砂收藏家和鉴赏家，从他的《阳羡茗壶系》中可以看到他收藏和研究紫砂的艰辛过程。他喜欢紫砂，尤其是喜欢名家作品，但由于名家的作品价格很高，他便一面去有实力的收藏人士家中欣赏、一面寻求名家残壶进行收藏，还自嘲爱好残壶。最为可贵的是，在收藏过程中，他注重研究每位艺人的工艺特点，并极力探寻紫砂的来源及其制作工艺。他曾实地考察了宜兴周围的名山大川，了解制作紫砂的各种胎泥，列出嫩泥、石黄泥、天青泥、老泥、白泥等泥品。此外，他还对茶叶与茶壶的关系进行了深入的研究，积累了大量的素材，为《阳羡茗壶系》的编写奠定了良好的物质基础。

◆ 明代董翰所制紫砂壶，系明代紫砂壶中的精品，反映了明代茶文化的鼎盛。

周高起与吴氏家族

周高起的家境并不富裕，而收藏、研究紫砂茶壶是需要一定的经济实力的。据史料记载，周高起正是在吴家子孙吴迪美、吴洪裕等收藏鉴赏家的资助下完成这部书的。吴仕，约1526年前后在世，江苏宜兴人，字克学，号颐山，官居四川布政司参政，作有《颐山诗稿》。明代著名的紫砂工艺大师供春，年少时曾是吴仕的书童，陪读于金沙寺中，并学会了金沙寺僧制作紫砂的工艺，可能正是由于这段因缘，才使吴仕及其子孙成为著名的紫砂收藏世家。

出于对紫砂的共同热爱，周高起与吴家的交往甚多。周高起经常在吴家欣赏难得一见的名壶，吴家人也常听周高起的赏析和评论。正是周高起对紫砂孜孜不倦的探求精神感动了吴家，才使他得到了吴家的资助，完成了他的紫砂理论名著——《阳羡茗壶系》。

《阳羡茗壶系》评述

《阳羡茗壶系》成书于明崇祯十三年（1640年），是我国历史上第一部关于宜兴紫砂茶具的专著。此书专门记载阳羡茗壶制作及名家，分为创始、正始、大家、名家、雅流、神品、别派数则，还记录时大彬等十余位著名陶工的不同制作手艺，并考证了传说中宜兴壶泡茶过夜不馊的荒谬之处。此书兼及泥胎的研究和品茗用壶的原则，在陶瓷工艺史和茶文化史上具有重要的学术价值。此书虽然主要论述的是紫砂工艺，但涉及面颇广，如考据学、地理学、矿物学、文学诗歌等多学科，反映了作者广博的知识。所以

◆ 明代宫廷的元畅制紫砂壶，元畅是当时制壶的名家。

《阳羡茗壶系》不仅成为研究紫砂茶具史的珍贵资料，也成为茗壶收藏家、品茗爱好者的重要的参考书。

第九讲 茶典汇总——烹茗著奇书

第十讲

茶与文艺——墨香共茶香

诗中的茶文化

中国是诗的国度，又是茶的故乡。诗与茶在晋代就已经相结合，在唐代的茶诗如雨后春笋般兴起，并一直延续到宋代，直至明清时期仍旧余音绕梁，成为中国茶文学上的一朵奇葩。

在中国诗歌史上，咏茶诗层出不穷。虽然在晋代就已经出现了茶诗的雏形，但茶与诗的结缘却始于唐代。这是因为，茶文化形成于中唐，茶诗也兴起于中唐，所以他们相结合在唐代中期。可以说茶诗兴盛于唐，辉煌于宋元，影响至明清。据统计，中国以茶为题材和内容的诗歌有数千首，极大地丰富了茶文化的宝库。

两晋南北朝茶诗

两晋南北朝是中国茶文学的发轫期。唐代之前写到茶的诗仅有四首，它们是孙楚的《出歌》、张载的《登成都白菟楼》、左思的《娇女诗》和王微的《杂诗》。其中晋代孙楚的《出歌》是现存最早的涉茶诗。

唐代茶诗

唐朝是中国诗歌发展的鼎盛时代，名家辈出，唐代的文人几乎都是诗人。同时，中国的茶叶生产在唐代有了突飞猛进的发展，饮茶风尚在社会普及开来，对后世产生广泛影响。品茶成为诗人生活中不可或缺的内容，因而茶诗大量涌现。

"诗仙"李白是唐朝最负盛名的诗人，他的《答族侄僧中孚赠玉泉仙人掌茶》就是一首著名的茶诗，这也是我国诗史上第一首真正意义上以茶为主题的茶诗。他在诗中对茶的生长环境、采制、功效作了生动的描绘，也表达了李白以茶为长生仙药的饮茶观。

"诗圣"杜甫，他的诗深沉顿挫、吟

◆ 白居易雕像

◆ 文徵明行书《卢仝七碗茶歌》

与白居易齐名，世称"元白"之一的元稹。其有一首独特的宝塔体诗《茶》，堪称经典之至：

茶

香叶，嫩芽。

慕诗客，爱僧家。

碾雕白玉，罗织红纱。

铫煎黄蕊色，碗转麴尘花。

夜后邀陪明月，晨前命对朝霞。

洗尽古今人不倦，将至醉后岂堪夸。

《茶》诗在看似游戏的文字中道出了茶的特性和功用，指出了茶与诗客、僧家的天然的缘分。

咏时政，被后世称之为"诗史"。他的诗除了贴近生活，反映现实之外也有很多涉及茶事，如他的《重过何氏五首》之三，就描绘了一幅美妙绝伦的品茗题诗图，闲雅之情跃然纸上。

"诗僧"皎然的茶诗中则最早出现"茶道"二字。皎然作为中华茶道的倡导者和开拓者之一，认为通过饮茶可以净欲、醒神、全真，阐释了茶道的修行真谛。此外，作为佛门中人的皎然还推崇道家的茶道。

在众多的咏茶诗中，最脍炙人口的是卢仝的《走笔谢孟谏议寄新茶》，其中的"七碗茶诗"之吟，细致描绘了饮茶的身心感受和心灵境界，此后"七碗茶"成了人们吟唱茶诗的典故，更是传唱千年而不衰。此诗，对茶文化的传播起了很大作用。

延伸阅读

茶诗之经典——《七碗茶诗》

卢仝的《走笔谢孟谏议寄新茶》涉及唐代茶事如包装、形制、贡茶、采茶、制茶、煎茶、吃茶、茶政诸多方面，为世人称奇。诗中描述诗人收到好友孟谏议送来新茶，在珍惜之余，还想到了茶农采摘与加工茶叶的辛苦。此外，在煎茶和品尝时，诗人以神奇之笔，生动地描绘了饮茶一碗、二碗至七碗时的不同感受和情态，也有《七碗茶诗》之称。即"一碗喉吻润。二碗破孤闷。三碗搜枯肠，唯有文字五千卷。四碗发轻汗，平生不平事，尽向毛孔散。五碗肌骨清。六碗通仙灵。七碗吃不得也，唯觉两腋习习清风生。"这七碗茶不仅满足了诗人的口鼻之欲，还创造了一个奇妙的精神世界，使饮茶在文人雅士那里变成了一种物质与精神的完美享受。

散文中的茶文化

茶除了在诗词之中得以表现之外，散文中的茶事也屡见不鲜。散文具有表现手法灵活，语言优美的特点。在散文的铺陈和描述下，茶的品性格外感人，令人回味无穷。

散文是指不讲究韵律的散体文章，没有任何的束缚及限制，也是中国最早出现的行文体例，包括杂文、随笔、游记等。在中国历史上，茶事散文很多，如西晋杜育的《荈赋》、唐代顾况的《茶赋》、苏轼《叶嘉传》、明代张岱的《闵老子茶》、清代袁枚《随园食单》等等，此外还有大量的记事、记人、写景、状物的叙事和抒情茶文。

汉晋时代的茶散文

最早的涉茶散文是西汉王褒的《僮约》，其中有"烹茶尽具"、"武阳买茶"的记载。而我国文学史上第一篇以茶为题材的散文是西晋杜育的《荈赋》，但是这部作品没有保存下来，现在只能看到唐代欧阳询编纂的《艺文类聚》中收录的部分章节。

杜育在《荈赋》中以饱满的热情和不凡的才华对茶作了吟咏和赞美，文笔优雅、语言致美。他在文中描写了满山遍野的茶树，在肥沃的土壤里沐浴着阳光和雨露。初秋季节，人们结伴上山采制茶叶，并汲取清流之水，煎茶饮茶。

唐代的茶散文

顾况，字通翁，曾担任著作郎。继西晋杜育而创作的《茶赋》是唐代的第一篇茶事散文。赋中赞颂茶乃造化孕育之灵物，极写茶的社会功用：上可达于天子，下可广被百姓。表示自己只想在翠阴下用舒州产金铁鼎（风炉）烹泉煎茶，用越州产的茶具来品茶，在茶烟袅袅中消磨时光。

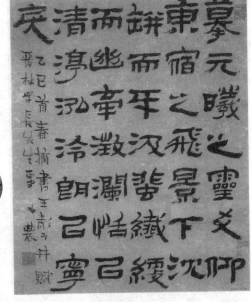

◆ 《荈赋》

◆ 福建茶园

宋代的茶散文

宋代的茶事散文很多，如吴淑的《茶赋》，描写了茶叶的功效、典故和茶中珍品。宋代黄庭坚也善辞赋，他在《煎茶赋》也对饮茶的功效，品茶的格调，佐茶的宜忌，作了生动的描述，但是最为著名的则是苏轼的叙事散文《叶嘉传》。

苏轼在《叶嘉传》中塑造了一个胸怀大志，威武不屈，敢于直谏，忠心报国的叶嘉形象。《叶嘉传》通篇没有一个"茶"字，但细读之下，茶却又无处不在，其中的茶文化内涵丰厚。苏轼巧妙地运用了谐音、双关、虚实结合等写作技巧，对茶史、茶的采摘和制造、茶的品质、茶的功效、茶法，特别是对宋代福建建安龙团凤饼贡茶的历史和采摘、制造，宋代的点茶法有着具体、生动、形象的描写。

明清的茶散文

明代的张岱性情散淡，不求仕途，一心游山玩水，读书品茶，他的《闵老子茶》就记述了他拜访茶人闵汶水和与之品茗的经过，情节奇特，极具雅兴。

清代袁枚在他的《随园食单·茶酒单武夷茶》中最早记录了武夷岩茶的泡饮方法和品质特点，也指出了饮茶能令人心情愉悦。

延伸阅读

林清玄的《茶味》（节选）欣赏

我时常一个人坐着喝茶，同一泡茶，在第一泡时苦涩，第二泡甘香，第三泡浓沉，第四泡清冽，第五泡清淡，再好的茶，过了第五泡就失去味道了。

这泡茶的过程令我想起人生，青涩的年少，香醇的青春，沉重的中年，回香的壮年，以及愈走愈淡、逐渐失去人生之味的老年。

我也时常与人对饮，最好的对饮是什么话都不说，只是轻轻地品茶，次好的是三言两语，再次好的是五言八句，说着生活的近事，末好的是九嘴十舌，言不及义，最坏的是乱说一通，道别人是非。

我最喜欢的喝茶，是在寒风冷肃的冬季，夜深到众音沉默之际，独自在清静中品茗，一饮而净，两手握着已空的杯子，还感觉到茶在杯中的热度，热，迅速地传到心底。

犹如人生苍凉历尽之后，中夜观心，看见，并且感觉，少年时沸腾的热血，仍在心口。

小说中的茶文化

中国的茶事小说源远流长，而且作品数量繁多、形式各异，具有很高的艺术价值，这些茶事小说不仅丰富了茶文学的宝库，也是研究我国茶文化的宝贵资料。

中国古代的小说萌芽于先秦，发展于两汉魏晋南北朝，成熟于唐期，到元末与明清时期发展至高峰。但是自魏晋以来，茶开始成为一种极有价值的饮料而进入人们的生活，并逐渐成为一种生活必需品。因此，小说作为反映现实生活的一种文学形式，也开始描写有关茶事内容。

魏晋的茶事小说

中国茶事小说的起源，可以追溯到魏晋时期。当时，茶的故事已在一些志怪小说中出现。如西晋王浮的《神异记》中有"虞洪获大茗"神异故事，东晋干宝的《搜神记》中有"夏侯恺死后饮茶"的诡异故事，东晋陶潜的《搜神后记》（《续搜神记》）中有"秦精采茗遇毛人"神异故事，南朝宋代刘敬叔的《异苑》有"陈务妻好饮茶"诡异故事。这些志怪小说中的茶片段是中国茶小说的最初形式。

唐代的茶事小说

唐代的小说开始从志怪小说走向轶事小说，作品的纪实性增强。这也是中国小说发展的第一个高峰期，此时的茶事小说作品

迭出，仅唐至五代的茶事小说就有数十篇，散见于刘肃的《大唐新语》、段成式的《酉阳杂俎》、苏鹗的《杜阳杂编》、王定保的《唐摭言》、冯贽的《云仙杂记》、王仁裕的《开元天宝遗事》、孙光宪的《北梦琐言》、佚名的《玉泉子》等集子中。其中除了《酉阳杂俎》为志怪、传奇小说外，其余均为轶事小说。也就是说，唐五代茶事小说的主要内容是记人物言行和琐闻轶事。

宋元的茶事小说

宋元时期，茶事小说依然以轶事小说为主，多见于笔记小说集。一类是专门编辑旧文，如王谠的《唐语林》，就汇辑了唐代文人的笔记50余种，其中有"白居易烹鱼煮茗"、"陆羽轶事"、"马镇西不入茶"、"活火煎茶"、"茶瓶厅"、"茶托子"、"茶茗代酒"、"煎茶博士"等篇章；再一类是记载当时的茶人轶事，如王安石、苏轼、蔡襄等人与茶有关的轶事。此外，宋代的一些话本和"讲史"中也有很多茶事，这些茶事小说，故事更加完整，情节更加曲折，描写更加细腻，在艺术上也达

◆ 《调琴啜茗图卷》唐 周昉

到较高的成就。

明清的茶事小说

明清时期，古典茶事小说发展进入巅峰时期，众多传奇小说和章回小说都出现描写茶事的章节，如《金瓶梅》第二十一回"吴月娘扫雪烹茶"、《红楼梦》第四十一回"贾宝玉品茶栊翠庵"、《镜花缘》第六十一回"小才女亭内品茶"、《老残游记》第九回"三人品茶促膝谈心"等。据统计，《金瓶梅》中写到茶事的有420处之多，《红楼梦》120回中有112回写到茶事，《儒林外史》56回中有45回写到茶事。其他如《水浒传》、《西游记》、《拍案惊奇》、《儿女英雄传》、《醒世姻缘传》、《聊斋志异》等明清小说，也有着对名茶、茶器、饮茶习俗、饮茶艺术的描写。

在明清时期的众多古典小说之中，描写茶事最为细腻、生动、传神的则是曹雪芹的《红楼梦》，它堪称中国古典小说中写茶的典范。《红楼梦》中的贾府，日常生活中的煎茶、烹茶、茶祭、赠茶、待客、品茶等茶事活动甚为频繁。所以，《红楼梦》中的茶事描写，比其他古典小说都细致入微。这正如红学家胡文彬所说："《红楼梦》满纸茶香"，《红楼梦》真正写出中国茶文化的精髓。

延伸阅读

《儒林外史》中的茶市

《儒林外史》是清朝的一部著名长篇讽刺小说。在这部作品中，对于茶事的描写有300来处，其中写到的茶有梅片茶、银针茶、毛尖茶、六安茶等。但最为精彩的是在第41回《庄灌江话旧秦淮河沈琼枝押解江都县》中，细腻地描写了秦淮河畔的茶市："话说南京城里，每年四月半后，秦淮景致，渐渐好了。那外江的船，都下掉了楼子，换上凉棚，撑了进来。船舱中间，放一张小方金漆桌子，桌上摆着宜兴沙壶，极细的成窑、宣窑的杯子，烹的上好的雨水毛尖茶。那游船的备了酒和精撰及果碟到这河里来游，就是走路的人，也买几个钱的毛尖茶，在船上垠了吃，慢慢而行。到天色晚了，每船两盏明角灯，一来一往，映着河里，上下明亮。"

戏剧中的茶文化

茶与戏剧渊源很深，早期的戏剧就是通过茶馆进入城市，而茶歌、茶舞也对戏剧的发展产生了深远的影响。此外，中国还出现了以茶事为主的独立剧种"采茶戏"。

中国茶文化博大精深，茶浸染着生活的方方面面，茶事也自然会被戏剧所吸收和反映。

所以，从古至今的许多戏剧，不但都有茶事的内容和场景，有的甚至全剧皆以茶事为背景或题材，如昆曲《茶访》、元杂剧《苏小卿月夜贩茶船》等等。

茶与戏剧的深厚渊源

戏曲是通过茶馆进入城镇的，现代的戏园、剧场是由早年的茶园、茶馆演变而来的。茶馆在唐代已经出现，在宋代发展很快而且相当发达，当时京城的茶馆已成为茶客的消闲之地及艺人卖艺之所。早期的戏曲是在乡村庙台或晒场上表演的，进入城市则借茶园为演出之所，宋元时在茶园中尚无专设的戏台，以卖茶点为主．演出为辅，茶客一边品茶，一边听曲，看戏是附带性质。及至清代，不少茶园始改造成设有戏台的茶园，经过长期的发展，茶馆与戏园合二为一了，所以从某种意义上讲，茶馆是戏园的前身。

茶与戏曲的剧种、服装、腔调等都有着十分密切的关系。在剧种上，如采茶戏就是从民间的采茶歌、采茶舞、采茶灯、花灯戏、花鼓戏等脱胎发展起来的。"茶衣"，则是一种戏曲服装，一般是蓝布短衣，大领、大襟、半身，为剧中扮演各种不同行业的角色所穿。可能最初某一剧中茶房穿这种

◆ 河北宣化下八里村1号墓的茶事壁画

服装，旧戏班里就把这类脚色行当统称为"茶衣丑"，是京剧文丑的一种。在腔调上最为典型的是"黄梅戏"，旧称"黄梅调"，就是源于湖北黄梅一带的采茶歌。它的腔调，就是在不少地区采茶戏的基础上形成的，其曲调也均为采茶调。

采茶戏

茶不仅广泛地渗透到戏剧艺术之中，而且在我国还有以茶命名的戏剧剧种。这种剧种是在茶区人民创作茶歌、茶舞的基础上，逐渐形成和发展起来的。他们以采茶歌、茶灯歌舞为表现形式，通常以小旦和小丑进行表演。中国也是世界上唯一由于茶事发展而产生的独立剧种——"采茶戏"的国家。

关于采茶戏的起源，相传在唐明皇时代，宫廷中有一位教练舞女的歌舞大师雷光华为了逃避死罪而逃往江西南部，隐姓埋名于九华山，以种茶为生。雷光华在与当地人民共同生活、劳动的过程中，将自己的演唱艺术同地方小曲和采茶的动作糅合起来，从而创造了采茶歌，也就是民间所称的"茶灯"。起初"茶灯"只演唱"十二月采茶调"，后来逐步发展，音乐不断丰富并融入茶农的生活情节，到了明末清初，便形成了极富乡土特色的以茶舞演故事的采茶戏。

采茶戏的种类很多，根据流行地区的不同，分为江西采茶戏，闽西采茶戏，湖北的阳新采茶戏、黄梅采茶戏、蕲春采茶戏以及粤北采茶戏、桂南采茶戏等，虽然各具特色但都保留着鲜明的地方色彩和浓郁的生活气息。采茶戏的传统剧目很多，有数百

◆ 茶衣丑

个，如《四姐下凡》、《乌金记》、《菜刀记》、《私情记》等。其内容除生活小戏外，表现生离死别、悲欢离合的剧目也较多，后受其他剧种影响，也演一些宫廷袍带戏，但数量很少。

延伸阅读

杂剧经典——《吃茶》

《吃茶》选自明代王世贞的杂剧作品《鸣凤记》，其中描写了权臣严嵩杀害了力主收复河套的夏言、曾铣之后，深明大义的兵部车驾司主事杨继盛继续上书皇帝，痛陈严嵩的十大罪行而惨遭迫害的故事。其中最为精彩的部分是第五出《忠佞异议》，讲述的是秉承精忠的杨继盛，拜访附势趋权的奸臣赵文华。两人在奉茶、品茶之中，旁敲侧击地展开了一场唇枪舌剑的争斗，杨继盛借茶发挥，怒斥奸佞。其中有一段对话："杨先生，这茶是严东楼(严嵩之子)见惠的，何如？""茶便好，只是不香！""香便不香，倒有滋味。""恐怕这滋味不久远！"杨继盛乘吃茶之机，借题发挥，怒斥奸雄赵文华，可谓淋漓尽致。后来的昆剧丰富并突出了这段情节，并把这出折子戏定名为《吃茶》。

画卷中的茶文化

在中国美术史上，曾出现过不少以茶为题材的绘画作品。这些作品从一个侧面反映了当时的社会生活和风土人情，几乎每个历史时期，都有一些代表作流传于世。

茶与画有着先天的缘分，有记载的茶画有120多幅，但是由于茶画是作于纸或是绢上，很多都已经朽毁，所以保存下来的也就是40余幅。通过这些茶画作品，可以直观的了解古代茶事活动的具体情况，对研究中国茶文化的发展史有较大的历史价值。

唐代的《萧翼赚兰亭图》

我们现在能够看到的最早的茶画是唐代阎立本的《萧翼赚兰亭图》。画面描述的是唐太宗为了得到晋代书法家王羲之写的《兰亭序》，派谋士萧翼从辩才和尚手中骗取真迹的故事。

据载，唐太宗酷爱王羲之书法，得知被誉为"天下第一行书"的《兰亭集序》藏于会稽辩才和尚处，遂降旨令其入宫。辩才心存戒心，一口否认，太宗只得放其归去，并令萧翼智赚此帖。萧翼乔装打扮成一介书生的模样，带着一些王羲之父子的杂帖，来到辩才和尚的寺庙，谎称自己是从山东来的，偶从此处路过，和尚便留他在寺中留宿。萧翼知识渊博、谈吐风趣，辩才和尚十分欣赏他的才气，大有相见恨晚之意，并引

为"知己"。萧翼谈及书圣王羲之的书法，夸称自己随身所带的帖子是世间绝好的藏品。辩才说"这不足为奇，贫僧藏一绝品《兰亭序》"，并取给萧翼欣赏。萧翼牢记藏所，次日会同地方官到寺中取得"兰亭"真迹回长安复命。

《萧翼赚兰亭图》上的辩才和尚的位置处于画面的正中，与对面的萧翼正侃侃而谈。萧翼恭恭敬敬袖手躬身坐于长方木凳之上，似正凝神倾听辩才和尚的话语。一侍僧立于两者之间。画面的左下角为烹茶的老者与侍者，形象明显小于其他三人，老者蹲坐于蒲团之上，手持"茶夹子"，正欲搅动茶釜中刚刚投入的茶末，侍童正弯着腰手持茶托盏，准备"分茶"。此画将机智而狡猾的萧翼和淳朴的辩才和尚描绘得惟妙惟肖。

宋代的《卢仝烹茶图》

宋代主要有赵佶的《文会图》、钱选的《卢仝煮茶图》、刘松年的《斗茶图卷》、《碾茶图》等。《卢仝煮茶图》是以卢仝茶诗《走笔谢孟谏议寄新茶》为内容入题的。卢仝的茶诗除了描述饮茶时的各种感受之

中华文化公开课

茶文化十二讲

194

◆ 《斗茶图》元 赵孟頫

腻遒劲，人物神情的刻画充满戏剧性张力，动静结合，将斗茶的趣味性、紧张感表现得淋漓尽致。图中有四位人物，两位为一组，左右相对，每组中的长髯者是斗茶营垒的主战者，各自身后的年轻人在构图上都远远小于长者，他们是"侍泡"或徒弟一类的人物，属于配角。图中的这两组人物动静结合，交叉构图，人物的神情顾盼相呼，栩栩如生。人物与器具的线条十分细腻洁净。

此外，明清时代的茶画也很多，如文征明《品茶图》、唐寅《事茗图》、陈洪绶《停琴品茗图》、董诰《复竹炉煮茶图》、李方膺《梅兰图轴》、薛怀《山窗清供图》等等，都是茶画中的经典之作。

外，亦极其明显地表露出"出世"之意。但是，诗歌中所发出的对现实世界的感喟，又将这种"意欲"拉回到了现实生活，也反映了卢仝"出世"与"入世"的矛盾心理。

《卢仝煮茶图》中卢仝身着白色衣衫，坐于山冈上，有仆人烹茶，卢仝身边伫立者当为孟谏议所遣的送茶之人。主人、差人、仆人三者同现于画面，三人的目光都投向茶炉，表现了卢仝得到阳羡茶迫不及待地烹饮的惊喜心情，同时又将孟谏议赠茶、卢仝饮茶过程完整地描摹出来。画面主题突出，人物生动形象惟妙惟肖，给观者留下了很大的想象空间。

元代的《斗茶图》

赵孟頫的《斗茶图》在以斗茶为主题的绘画作品中的影响最大。整个画面用笔细

书法篆刻中的茶文化

富有中国特色的书法和篆刻艺术中也有茶的身影，无论是秀美遒劲的《急就章》、气韵生动的《苦笋帖》，还是众多以茶为主题的篆刻作品，都体现了中国的茶文化独特风格。

书法是一种由线条组成的形象思维艺术，是中国独特的传统艺术。我国历代的书法家中都有茶人，他们的艺术生涯和交友活动中，也为后人留下了不少与茶有关的书法作品或墨迹。

最早的茶字书法

《急就章》相传三国时吴国皇象（生卒年未详）为幼儿启蒙识字所撰之书，共34章，2144字（末128字为后人所加），按姓名、衣服、饮食、器用等分类，成三言、四言、七言韵语，其中有"板柞所产谷口茶"一句，述说茶事，这也是最早的一幅含有茶字的书法作品。

最早的佛门茶书法

《苦笋帖》是唐代僧人怀素的作品。怀素，字藏真，湖南长沙人，以书法而闻名于世，特别是狂草在中国书法史上有着突出的地位。怀素平日善于饮酒，酒后常举毫挥洒，有神出鬼没之势，世人将他与张旭并称"颠张醉素"，但是《苦笋帖》之中的"狂诡"姿态弱了一些，清逸之态多了些，颇有古雅淡泊的意趣。

◆ 皇象《急就章》

《苦笋帖》是中国现存最早的与茶有

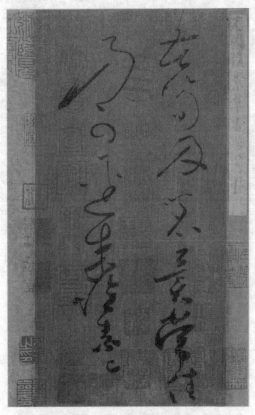

◆ 怀素草书《苦笋帖》

关的佛门书法，也是禅茶一味的产物。苦笋与茶的性状，同佛道中人有许多相通的地方，他通过书法充分体现了茶与禅的种种缘分。清代时曾珍藏于内府，现藏上海博物馆。它只有寥寥14个字："苦笋及茗异常佳，乃可径来，怀素上。"虽幅短字少，但却是怀素真迹中最为可靠的一件，所以此帖堪称书林、茶界之珍宝。

蔡襄茶书法

蔡襄（1012—1067年），字君谟，福建人。北宋著名书法家，擅长正楷，行书和草书，为"宋四家"之一，以督造小龙团茶和撰写《茶录》一书而闻名于世，而《茶录》本身就是一件书法杰作。本书为真楷小字书写，约800字。正如欧阳修所评价的："《茶录》劲实端严，为体虽殊，而各极其妙，盖学之至者。"

蔡襄的《北苑十咏诗贴》书写了《出东门向北苑路》、《北苑》、《茶垄》、《采茶》、《造茶》、《试茶》、《御井》、《龙塘》、《凤池》、《修贡亭》十首诗。作品以行书书就，风格清新隽秀，气韵生动，是难得的书法佳作。

篆刻与茶

中国的篆刻历史悠久，早在春秋时期，印章就十分盛行，实际上篆刻就是镌刻印章的通称。印章字体，一般采用篆书，先写后刻，故称篆刻。在篆刻创作中，茶文化的题材虽不如诗文和书画繁多，但也为数不少，用美妙的词句和相宜的线条，勾勒出方寸之间的种种诗情画意。

知识小百科

朱文印和白文印

印章的分类方法很多，但一般都将其分白文印和朱文印两种。白文印，也叫阴文印，即印章里面的字是镂空的、凹进去的，所以盖出来的效果印底呈红色，文字呈白色。朱文印，又叫阳文印，它与白文印正好相反，盖出来的效果印底呈白色，文字呈红色。一幅书法作品上盖两方名章时，最好一朱一白，两章大小相宜。款尾用多章时，次序是先姓名章，后字、号章。两种印章就印色彩而言，朱文印分量较轻，白文印分量较重。墨色淡雅之作，宜用朱文印，保持两者和谐一致；墨色浓重之作，宜用白文印，使红彤彤的朱色与乌黑的墨色产生强烈对比，相映成趣。若一幅作品用数印，印色应有主次，即多朱配少白，多白配少朱，使之既有变化，又协调一致。

第十讲 茶与文艺——墨香共茶香

对联中的茶文化

对联与茶结缘，形成了以茶为题材的茶联，这也是茶文化的一种载体。中国古代的茶联主要有：名胜茶联、茶馆茶联和居家茶联三种。此外，也很多传世茶联源于诗词。

名胜茶联，即为名胜而题写的楹联，而且内容与茶有关。如江苏甘泉山寺德楹联："甘味从苦中领取，泉声自远处听来。"此联对仗工整，语言清新质朴，是清代秀才姚挹所创。虽然此联未出现"茶"字，但"茶禅一味"的哲理却显而易见。

再如杭州西湖龙井茶区楹联："秀翠名湖，游目频来过溪处；脱含古井，恰情正及采茶时。"此联作者不详，也有说是清代乾隆皇帝所撰，描绘了采茶时节龙井茶山的风光景色。

茶馆茶联

茶馆楹联，是悬挂于茶馆门庭或室内的对联，大多雅趣盎然，脍炙人口。如广州陶陶居茶楼楹联："陶潜善饮，易牙善烹，饮烹有度；陶侃惜分，夏禹惜寸，分寸无遗。"这是一副"嵌头联"，作者巧妙地将"陶陶居"招牌的陶陶两个字，分别嵌入了上下联的头一个字。同时茶联中列举了4个名人，引用了4个典故，对仗工整，妙趣横生。

再如湖北汉口天一茶园的楹联："天然图画，一曲阳春。"这是一副简洁而内

◆ 清代翁同龢所书茶联

◆ 吴熙载所书茶联

犹凉"出自曹雪芹的《红楼梦》，这是贾宝玉为"潇湘馆"撰写的，该联惟妙惟肖地刻画了潇湘妃子林黛玉孤高圣洁的个性和雅致闲博的生活情调。

诗中的茶联

中国很多经典的茶对联是取自诗词。如"阳羡春茶瑶草碧，兰陵美酒郁金香。"此联的上联出自唐代诗人钱起的诗，下联出自诗仙李白的诗，上下联虽出自两位大诗人，但全无拼凑的痕迹，读来妙趣天成，不失为千古佳作。

涵丰富，极耐品味的嵌头联。上下联的头一个字"天一"构成茶楼的名称。上联"天然图画"，极赞环境景色之美。下联"一曲阳春"，表明茶楼格调之高。寥寥八个字，字字珠玑，恰似一曲"阳春白雪"，韵高而醉人。

居家茶联

居家茶联的内容与茶有关，多为宅居主人的生活写照，彰显主人的性格和志向。如"茶爽添诗句，天清莹道心。"出自司空图之手，他是河中虞乡人，33岁登进士第，官至中书舍人，后归隐中条山王官谷。该联反映了司空图的避世观，有澄淡精致之美。

再如"宝鼎茶闲烟尚绿，幽窗棋罢指

谚语中的茶文化

茶谚，是中国茶叶文化发展过程中派生出的文化现象。它主要来源于茶叶饮用和生产实践，并采取口传心记的办法来保存和流传。茶谚不只是中国茶文化的宝贵遗产，也是中国民间文学中的一种形式。

许慎《说文解字》中讲，"谚：传言也"，可见谚语就是指群众中相传的一种易讲、易记而又富含哲理的俗语，它是在民间创作，并且在民间流传的定型化语言，它是生活经验的总结和集体智慧的结晶。茶谚语是谚语中的一个分支，即民间口耳相传的易讲、易记、富含哲理的关于茶叶的俗语。它主要来源于茶叶生产实践和茶叶饮用，是茶叶生产经验和茶叶饮用的概括或表述。茶谚

◆ 优质龙井茶

语不仅是中国茶学或茶文化中的一宗宝贵遗产，从创作或文学的角度来看，它又是中国民间文学中的一枝奇葩。

有关茶树种植的谚语

"法如种瓜"见于唐代陆羽《茶经》。意即种茶如种瓜，贾思勰的《齐民要术》对瓜的种时、种法均详载。陆羽借种瓜之法喻种茶之法，为后世所传。

"要吃茶，二八挖"即农历二月的春耕和八月的伏耕有利于茶叶的增产。如果茶园长期不掘，茶树就将无茶可采，正应了另一句茶谚"三年不挖，茶树摘花"。

"高山出名茶"主要流行于浙江一带。因为高山云雾多，光线较为柔和，对茶树的生长有利；空气湿度大，有利于茶叶叶面的持嫩性；昼夜温差大，土壤有机质多，有利于提高茶叶的香气。类似的谚语还有"高山云雾出名茶"。

有关茶叶采摘的谚语

"三岁可采"出自唐代陆羽《茶经》，意为茶籽种下后，三年即可采茶。出于《茶经》中的谚语还有："叶卷上，叶舒次"，即嫩叶卷曲的可制上等茶，叶片已展平的茶叶品质较次；"笋者上，芽者次"的意思是肥壮的茶芽像笋那样饱满，而细弱的茶芽就

◆ 茶的芽叶

显得逊色了。

"会采年年采，不会一年光"，流行于陕西一带。其中的"会采"指的是"留叶采摘"的方式，这种采摘方式可以确保茶树产出的可持续性。如果不采用此法，虽然当年的产量很大，但来年的产量会大大减少。同类的谚语还有"留叶采摘，常采不败"。

有关茶叶制作的谚语

"小锅脚，对锅腰，大锅帽"指的是将珠茶制为圆形的三道特定的工序，从炒小锅、炒对锅到炒大锅，而且到工序各有侧重。

"高温杀青，先高后低"强调杀青时先用高温后用低温。不论是炒青或蒸青，都是利用高温破坏酶的催化作用，不使叶子变红。在杀青后阶段，酶的活化已破坏，叶子水分大量蒸发，此时应适当降低温度，达到"老而不焦，嫩而不生"的效果。

有关茶叶贮藏的谚语

"茶怕异味"这是因为茶叶中所含的物质活跃，极易吸收各种气味，而且不宜分离。这句谚语朴实明了地告诉人们要注重茶叶的贮存。

"贮藏好，无价宝"主要流行于江苏、浙江等地。讲茶叶贮存的重要性。不善贮茶者，其茶色、香、味、形俱变，如同陈茶一般。既降低了饮用价值，又失去欣赏价值。善贮茶者，即便存放一年以上，依然香气不散，滋味不变，颜色不走，其经验如无价之宝。

有关茶叶饮用的谚语

"山水上、江水中、井水下"出自唐代陆羽《茶经》。意为饮茶之水以山中之水为最好，江河之水为其次，井下之水为最差。

"客来敬茶"出自中国民间俗语。唐宋以来，"客来敬茶"在中国民间已经形成习俗，并成为我国各民族的传统礼节。随着中国茶文化对海外的传播，"客来敬茶"的礼节也成了其他国家的日常礼仪。

第十讲 茶与文艺——墨香共茶香

201

第十一讲
茶与名士——风骨融清寂

文人茶文化概览

中华茶文化源远流长、博大精深。自古至今，有许多文人与茶结缘，不仅写下了许多对茶吟咏称道的诗章，还留下了不少煮茶品茗的史话，同时在客观上也推动了茶文化的发展。

自茶以饮料的面貌出现之后，最早喜好饮茶的多是文人雅士，如在中国文学史上，提起汉赋，首推司马相如和扬雄，而他们两个都是早期著名茶人。司马相如曾作《凡将篇》，扬雄作《方言》，一个从药用、一个从文学角度谈到茶。

魏晋以来，天下大乱，文人的才华无以施展，社会上开始兴起清谈之风。然而终日高谈阔论，必然需要一些助兴之物，而茶则可长饮且始终保持清醒，于是清谈家们就转而好茶，所以后期出现了许多茶人。

◆ 扬雄雕像

南北朝时，几乎每一种文化都与茶套上了关系。在政治家那里，茶是提倡廉洁、对抗奢侈的工具；在词赋家那里，茶是引发思维、以助清醒的手段；在佛家那里，茶是禅定入静的必备之物。这样，茶的文化、社会功用已超出了它的自然使用功能。

唐朝不仅是中国茶文化的形成时期，在这个诗的朝代，茶诗也颇负盛名。如李白的《答族侄僧中孚赠玉泉仙人掌茶》、杜甫的《重过何氏五首之三》、白居易的《夜闻贾常州、崔湖州茶山境会亭欢宴》等等，有的赞美茶的功效，有的以茶寄托诗人的情感，显示了唐代茶文化的兴盛与繁荣。

北宋前期经济繁荣，茶文化极为发达。当时的茶诗、茶词大多表现以茶会友，相互唱和，以及触景生情、抒怀寄兴的内容。到了南宋，由于朝廷苟安江南，茶文化呈现了与以往不同的特点，在茶诗、茶词中开始出现了不少忧国忧民、伤事感怀的内容，最有代表性的是陆游和杨万里的咏茶诗。

元代咏茶的诗文，以反映饮茶的意境和感受的居多。著名的有耶律楚材的《西域

◆ 《惠山茶会》明 文徵明

从王君玉乞茶，因其韵七首》、洪希文的《煮土茶歌》、谢宗可的《茶筅》、谢应芳的《阳羡茶》等等。

明代的咏茶诗比元代多，著名的有黄宗羲的《余姚瀑布茶》、文征明的《煎茶》、陈继儒的《失题》、陆容的《送茶僧》等。此外，特别值得一提的是，明代还有不少反映人民疾苦、讥讽时政的咏茶诗。

清代也有许多诗人撰写咏茶之诗，如郑燮、金田、陈章、曹廷栋、张日熙等等，甚至清代的皇帝也亲自创作茶诗，这在我国历史上算是一绝。乾隆皇帝六下江南，曾五

次为杭州西湖龙井茶做诗，这在中国茶文化史上亘古未有。此外，此时的文人开始重视品水，名茶伴好水，是饮茶之道中最为精辟的一项内容。

在近代，从文学家到政治家，爱好饮茶的人更是不计其数。鲁迅爱品茶，经常一边构思写作，一边悠然品茗。著名文学家老舍更是位饮茶迷，还研究茶文化，深得饮茶真趣。他以清茶为伴，创作的《茶馆》成为文学名作。

◆ 黄宗羲

延伸阅读

李清照饮茶助学

南宋著名词人李清照在《金人录后序》中，记录了她与丈夫赵明诚回到青州(今山东青州市)故第闲居时的一件生活趣事：那时他们经常共同读书，"每获一书，即同共校勘，整集签题"。每天饭后必作"饮茶助学"游戏，胜者者先品茶为快，常玩得茶倾杯覆，兴尽而散。据《金石录后序》载："……余性偶强记，每饭罢，坐归来堂，烹茶，指堆积书史，言某事在某书某卷第几页第几行，以中否决胜负，为饮茶先后。"当时，李清照夫妇利用饭后间隙，一边考记忆，一边饮茶。这种能增强记忆，促进学习效果的"饮茶助学"的佳话，一直为后人所传颂，也为茶事增添了很多风韵。

第十一讲 茶与名士——风骨融清寂

205

僧人茶文化概览

郑板桥曾说过"自古山僧爱斗茶"，这句话十分精确地道出了僧人斗茶的嗜好。实际上，自佛教传入中国就与茶结下了不解之缘，僧人的种茶、制茶、品茶更是促进了茶文化的发展。

北宋时期，僧人的斗茶活动十分活跃，他们经常聚在一起，切磋茶叶的色、香、味和品饮的方法，这对茶叶种类的增加和品质的提高有很大的促进作用。当时各大寺庙都大兴种茶、采茶、制茶，人们称之为"佛茶"。所以，这些寺庙里的僧人们也都善于品饮，并美其名曰"茶禅一味"，这使僧与茶结下了不解之缘。

佛教在唐代更为盛行，所以茶与佛教的关系也就更为密切了。佛教重视"坐禅修行"，要求排除所有的杂念，专注于禅境，以达到"轻安明净"的状态，这就要求僧人们莲台打坐、过午不食。而茶则有提禅养心之用，又可以祛除饥饿，所以就选茶作为其修行的饮品。僧人茶文化影响主要有以下三点。

促进了茶艺的发展

僧人对茶的热爱在一定程度上体现在对茶艺的追求上，并将它作为日常娱乐的一部分，比如宋代佛门中的斗茶、分茶。此时的茶技已经发展到精益求精的地步，创造出了茶艺美学，这在中国历史上是很少见的，

没有哪个朝代如此热衷于斗茶，注重茶的感官趣味。

首先，僧人对品茶方式的贡献。以分茶为例：分茶是一种技巧性很强的烹茶游戏，善于此道者，能在茶盏上用水纹和茶沫形成各种图案，当时人也称这一技艺为"汤戏"。而这种独特的艺术美的创造，很大一部分都得归功于僧人的贡献。

其次，僧人对茶的种植与品种的培育也起了重要作用。千百年来各寺院都遵循一条祖训："农禅并重"。可见制茶、售茶对僧人的影响，许多名茶都是由和尚制的，如

◆ 杭州永福寺，该寺所产禅茶非常出名。

◆ 江南禅林之冠——径山寺。著名的径山茶宴就是在这里诞生的，宋孝宗曾经亲笔题名"径山兴圣万寿禅寺"。

"碧螺春"产于洞庭水月院山僧、武夷岩茶也由寺僧制作、蒙顶山茶的采制也由僧人经手等等。

加强了与世俗的文化交流

宋代的佛寺常兴办大型茶宴，请许多文人名士前来赴会。茶宴上，要谈佛经与茶道，并赋诗，把佛教清规、饮茶谈经与佛学哲理、人生观念都融为一体，这样就使得佛教文化与世俗文化有了交流的机会，开辟了茶文化的新途径。

其中最有名的茶宴要算是"径山茶宴"。径山，位于天目山东北高峰，处于浙江著名的产茶区。径山寺始建于唐，到宋时十分有名，宋孝宗亲自御笔题额"径山兴盛万寿禅寺"，从宋到元，都享有"江南禅林之冠"，而茶宴也举办了将近一百年之久。

推动了茶道的产生

南北朝时，佛教就受到统治者大肆推崇，此后历代王朝都乐于此道，因此佛教在我国古代得以蓬勃发展。佛门弟子不仅很早就开始饮茶，"茶道"二字也是首先由僧人提出的。佛教禅宗主张圆融，能与其他传统文化相协调，从而使茶道文化得以迅猛发展，并使饮茶之风在全国流行。

宋代佛门中的"分茶"高手

宋代的分茶是一种技术性很强的烹茶竞技性活动，当时的人们也把这种茶技叫做"汤戏"。而这种玩茶技艺很多都来源于各大寺庙，因而宋代的分茶高手基本上都是出自佛门。谦师就是其中比较出色的一个。谦师分茶，有独特之处，据他自己说："烹茶之事，得之于心，应之于手，非可以言传学到者。"他的茶艺在宋代很有名气，不少诗人都用对他加以赞誉，如北宋史学家刘攽有诗曰："泻汤夺得茶三昧，觅句还窥诗一斑"。后来，人们便把谦师称为"点茶三昧手"。福全和尚则是另一个分茶高手。陶谷《清异录·茗苑门》："福全和尚'能注汤幻茶，成一句诗，并点四瓯，共一绝句，泛乎汤表。'小小物类唾手而。"陶谷认为这种技艺"馔茶而幻出物象于汤面者，茶匠神通之艺也。"

酒茶兼好的白居易

唐代的伟大诗人白居易酷爱茶叶，曾自称是个"别茶人"。他用茶来激发创作灵感、提高自身修养、结交名人志士、沟通儒释道，他写过很多关于茶事的诗篇。

白居易（772—846年），字乐天，晚年又号香山居士，唐代的现实主义诗人。他把茶事大量"移入"诗坛，体现了茶在文人心中地位的上升。他也是在我国的诗坛上茶和酒并驾齐驱的诗人。白居易虽嗜酒成性，但又有好茶之举。究其原因，有人说是因为朝廷曾下达禁酒令，长安一带不准饮酒；还有人说是因为唐代中期贡茶兴起，白居易也是为了追赶时尚。以上的说法或许都有道理，但白居易作为一个大诗人，从茶中体会到的不仅仅是茶的物质功能，肯定还有艺术家特别的感悟。他一生一世与茶为伴，早上饮茶、中午品茶、晚上喝茶、酒后索茶，甚至睡觉前还要饮茶。他还精于鉴别茶的好坏，曾自称"别茶人"。

用茶激发创作灵感

卢仝曾说："三碗搜枯肠，唯有文字五千卷"，这是浪漫主义的夸张。白居易是典型的现实主义诗人，对茶激发诗兴的作用他说得更实在："起尝一碗茗，行读一行书"；"夜茶一两杓，秋吟三数声"；"或饮茶一盏，或吟诗一章"，这些是说明茶助醒脑、茶助文思、茶助诗兴的作用。同时，吟着诗品茶也更有滋味。

用茶提高自身修养

白居易生逢乱世，但并不是一味地苦闷和呻吟，而常能在忧愤中保持理智。白居易曾把自己的诗分为讽喻、闲适、伤感、杂律四类。他的茶诗一是休闲雅致，二是伤感郁闷。白居易常以茶宣泄沉郁，正如卢仝所说，茶可浇开胸中的块垒。但白居易毕竟是个胸怀报国之心、关怀人民疾苦的伟大诗

◆ 嗜茶如命的白居易

◆ 古人以茶欢会

人，他并不过分感伤于个人的得失。

茶还有助于清醒头脑，是提高修养的良丹妙药。白居易在《何处堪避暑》中写道："游罢睡一觉，觉来茶一瓯"，"从心到百骸，无一不自由"，"虽被世间笑，终无身外忧"。以茶陶冶性情，于忧愤苦恼中寻求自拔之道，这是他爱茶的又一用意。此外，白居易不仅饮茶，而且还开辟茶园，亲自种茶。他在《草堂纪》中就记载，他的草堂边就有"飞泉植茗"。在《香炉峰下新置草堂》也记载："药圃茶园是产业，野鹿林鹤是交游"。所以，在白居易看来，饮茶、植茶也是为回归自然。

用茶结交名人志士

在唐代，名茶并不易得。所以，官员、文士常相互赠茶或邀友品茶，以表示友谊。白居易的妻舅杨慕巢、杨虞卿、杨汉公兄弟都曾从不同地区给白居易寄好茶。白居易得茶后常邀好友共同品饮，也常应友人之约去品茶。从他的诗中可看出，白居易的茶友很多，尤其与李绅交谊甚深。他在自己的草堂

中说："应须置两榻，一榻待公垂"，公垂即指李绅，看来偶然喝一杯还不过瘾，二人要对榻而居，长饮几日。白居易还常赴文人茶宴，如茶山境会亭茶宴，太湖舟中茶宴等。从中可以看出，中唐以后文人以茶叙友情已是寻常之举。

用茶沟通儒、释、道

白居易晚年好与儒、释、道交往，自称"香山居士"。居士是不出家的佛门信徒，白居易还曾受称为"八关斋"的戒律仪式。茶在中国历史上是沟通儒道佛各家的媒介，儒家以茶修德，道家以茶修心，佛家以茶修性，都是通过茶来净化私欲，纯洁心灵。从这里我们也能看到三教合流的趋势。白居易就是通过品茶与儒、释、道的各界名流进行交往的。

延伸阅读

爱酒不嫌茶的白居易

白居易与许多唐代早期、中期的诗人一样，原本是非常喜欢饮酒的。有人曾经做过一项统计，在白居易流传后世的两千八百多首诗中，其中涉及酒的有九百多首，而以茶为主题的诗只有八首，诗中涉及茶人、茶事、茶趣的共有五十多首，二者加在一起一共有六十多首。由此可以推断，白居易爱酒不嫌茶。《唐才子传》中说他"茶铛酒杓不相离"，这也反映了他茶酒兼好的情况。在白居易的诗中，茶和酒并不一争高下，而是像姊妹一般出现在一首诗里，彼此相辅相成、相得益彰。如《自题新昌所止》中"看风小榼三升酒，寒食深炉一碗茶"，讲的是在不同的环境里有时饮酒，有时饮茶。又如《和杨同州寒食坑会》中"举头中酒后，引手索茶时"则是把茶作为解酒之良方。

以茶代酒的皎然

　　唐代诗僧皎然不仅知茶、爱茶、饮茶，更与茶圣陆羽是莫逆之交，写过许多茶诗并提倡"以茶代酒"的品茗风气，对唐代及后世的茶艺文化发展有莫大的贡献。

　　白居易的茶诗清灵飘逸，然而在白居易之前，唐代还有一位嗜茶的僧人也写过许多茶诗，并不亚于白居易，他就是皎然。皎然早年信仰佛教，在杭州灵隐寺受戒出家，后来迁居湖州乌程杼山麓妙喜寺，与武当元浩、会稽灵澈为道友。皎然博学多才，不仅精通佛教，还精于经史子集，他文笔清秀瑰丽，作品也很丰硕。最重要的是，皎然不仅是个诗僧，更是个茶僧，他精于烹茶，作有许多茶诗。

◆ 陆羽烹茶图

"诗僧"与"茶圣"的友谊

　　陆羽在唐肃宗至德二年（757年）前后来到湖州，在妙喜寺与皎然结识，后来二人成了忘年之交。皎然与陆羽共同的爱好和兴趣不仅体现在日常的饮茶、谈佛、论道，更体现在他们的纯洁个性中。陆羽隐逸的生活，使得皎然造访是经常不遇。在皎然的名篇《寻陆鸿渐不遇》中就反映了皎然因造访陆羽而不遇的惆怅心情，对陆羽的仰慕之情跃然纸上。从皎然的诗中，除了可以了解到两位忘年交之外，这些诗作也是研究陆羽生平事迹的重要材料。如后人有关茶圣陆羽的形象，很多都是从皎然的诗中获得的。此外，他们在湖州所提倡的节俭品茗习俗对唐代后期茶文化的发展影响很大，更对后代茶艺、茶文学的发展奠定了基础。

淡泊的饮茶观

　　皎然淡泊名利，豁达坦然，不喜欢迎来送往的恶俗之

中华文化公开课　茶文化十二讲

风。他也不愿广交朋友，只与韦卓、陆羽深交，颇有"不欲多相识，逢人懒道名"的率真个性。皎然的生活形态也非常简单：饮茶、读书、饭野蔬。品茶是皎然生活中不可或缺的一种嗜好。每当友人来送茶，皎然总是高兴地赋诗致谢，分享品茶的乐趣。在皎然的诗中，茶已经上升到一种极美的境界。南宋大诗人杨万里在怀念故人时，曾将茶与人格修养联系起来，这很显然是受到了皎然的影响。后来逐渐成为古人的一种习惯性思维，就像将梅兰竹菊隐喻为君子一样，茶也成为了高尚人格的象征，饮茶成了厚德之人的文化表征。

皎然不仅喜欢以茶会友，他和陆羽一样关心着茶事。他也在一些诗中记载了茶树的生长环境、采摘季节和方法、茶叶的品质与气候的关系等等。优美的诗句不仅为历代文人们所津津乐道，更是人们研究当时湖州茶事的宝贵资料。

茶的意境学

意境是中国哲学和美学中非常重要的一个范畴，而在意境理论中，皎然是不能被遗忘的一个人。皎然由茶入诗，由诗入禅，又由禅悟出了意境。皎然的意境理论不仅是一种文艺审美的理论，更是一种人生境界。中国哲学在谈到人生境界时，往往借鉴佛家的三个层次，表述为："见山是山，见水是水"、"见山不是山，见水不是水"、"见山还是山，见水还是水"。在皎然那里，人生境界是意境很重要的一个方面。作为诗人的皎然，对出世、入世也许并没有刻意地去追求，但对于人生的意境，他有着独特的理解。每个人都有自己的境界，都生活在有一定意义的境域或意境之中，即诗意地栖居于一定的境界中。就像品茶，淡淡地去品味生活，这便是皎然的境界。

皎然不仅在理论上有所突破，更在实践中实现着自己的主张。他是这一时期茶文学创作的能手，他的茶诗、茶赋鲜明地反映出这一时期茶文化的特点和咏茶文学创作的趋势。皎然描写的是一种超然脱俗、唯我独在的美妙境界，这也是皎然心中所向往的意境。

从诗人到茶官的陆游

南宋著名爱国诗人陆游在仕途上屡受挫折，但他的一生都与茶结下了不解之缘，无论是作为管理地方茶务的"茶官"，还是"资深茶客"他都对茶深怀崇敬之心。此外，他还写下了很多茶诗流传后世，为中国茶文学的发展做出了贡献。

陆游（1125－1210年）字务观，号放翁，山阴（今浙江绍兴）人，南宋著名爱国诗人，有许多脍炙人口的佳作，广为人们传诵。他自言"六十年间万首诗"，这并不是虚数，在《陆游全集》中涉及茶事的诗词多达320首，是历代写茶事诗词最多的诗人。

陆游早年喜欢喝酒，作品也颇为丰富。正如他在诗中说"孤村薄暮谁从我，惟是诗囊与酒壶"。到福建当茶官之后，开始嗜茶，并将茶作为主要消遣之物。陆游称自己的一生有四项嗜好：诗、客、茶、酒，以诗会友，以茶待客。

陆游一生经历坎坷，壮志未酬。年轻时曾立下"上马击狂胡，下马草军书"的决心，一片报国之心悠然可见。但是，他却在充满挫折的仕途中消磨意志，慨叹自己报国无门。陆游一生曾在福州、江苏、四川、江西等地为官，辗转祖国各地，在大好河山中饱尝各处名茶。他是南宋的著名爱国大诗人，也是一位嗜茶诗人。茶孕诗情，裁香剪味，陆游的茶诗情结，是历代诗人中最突出的一个。陆游的茶诗，包括的面很广，从诗中还可以看出，他对江南茶叶，尤其是故乡茶的热爱。

"茶官"陆游的坎坷仕途

绍兴二十八年（1158年）陆游被举荐在福建管理茶事。闽北的山山水水，特别是武夷山优美的自然风光给他留下了深刻的印象，尤其是十余年的茶官经历，使他有机会品尝到天下的各种名茶，从而留下许多有关名茶

◆ 陆游雕像

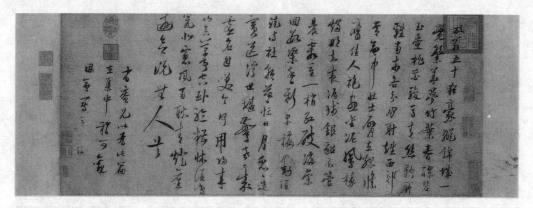

◆ 陆游的书法

的绝妙诗句。如"建溪官茶天下绝"、"隆兴第一壑源春"和"钗头玉茗妙天下，琼花一树直虚名"。"思酒过野店，念茶叩僧扉"，他对北苑茶、武夷茶、壑源茶以及峨嵋、顾渚等地的名山僧院的新茶也很为赞赏。

隆兴元年(1163年)他从福建宁德任满回京，孝宗皇赐给他小饼龙团茶。小饼龙团是福建上等贡茶，专供皇帝所用。陆游获赐此茶感到十分高兴，所以碾茶时就乘兴写下赞誉建茶的经典诗作《饭店碾茶戏作》。

陆游在建州的茶事

陆游在建州(今福建建瓯市)时吟咏甚多，满纸珠玑的茶诗寄寓深远。茶道的高尚，斗茶的技巧，建茶的韵味，制茶的妙法，以及对建茶的品评与他的爱国豪情都写入饮茶诗。此期间陆游与朱熹交往甚笃，朱熹曾以武夷茶中头品馈送，他接茶后写下《喜得建茶》来感谢好友赠茶，并赞誉建茶的优佳品质。

此外，陆游自从来建州之后，对北苑贡茶颇感兴趣，不仅嗜饮茶而且研究茶经，深谙斗茶品茶之道。淳熙六年，武夷山举办了一次斗茶竞赛，陆游也莅临武夷斗茶现场。当时，炅峰白云庵住持慈觉和尚的"供佛茶"下场斗试，赢得"斗品充官司茶"。陆游在《建安雪》中大赞武夷茶，明为咏雪，实为咏茶。

陆游在诗中还对"分茶游戏"作了不少的描述。分茶是一种技巧性很强的烹茶游戏，善于此道者，能在茶盏上用水纹和茶沫形成各种图案，也有"水丹青"之说。宋代斗茶风形成一种"分茶"的技艺。

延伸阅读

"小灶自煮茶"的陆游

陆游最喜欢绍兴的日铸茶，他在诗中说："我是江南桑苎家，汲泉闲品故园茶。"而当时日铸茶已经被列为贡茶，因此陆游更加珍爱此茶。陆游烹煮日铸茶十分讲究，正所谓"囊中日铸传天下，不是名泉不合尝"，"汲泉煮日铸，舌本方味永"。可见日铸茶必须用名泉之水烹煮，才能相彰显其美妙之处。陆游还十分精通茶的烹饮之道，而且总是以自己动手烹茶为乐事，并一再在诗中自述："归来何事添幽致，小灶灯前自煮茶"，"山童亦睡熟，汲水自煎茗"，"名泉不负吾儿意，一掬丁坑手自煎"，"雪液清甘涨井泉，自携茶灶就烹煎"等等。

精于茶道的苏东坡

中国宋代杰出的诗人苏东坡不仅一生爱茶，还精于种茶、烹茶、品茶，更是创作出不少咏茶词作。在中国诗坛有"茶道全才"之称，为中国茶文学史上的一面旗帜。

相传，苏东坡极为爱茶，还与佛家结下了深厚的茶缘。他在杭州做官时，常与佛僧品茗吟诗。据说，他自己常向灵隐寺的老僧索讨茶叶，多次后不好再索取，就叫仆人头带草帽、脚登木屐到老僧那里去借东西。他并不告诉仆人要借什么，仆人去老僧处也不说要借什么，老僧却看出了苏东坡的玄机，只好又送一包茶叶给他。原来，草头、人、木三字组合正是一个"茶"字。

苏东坡(1037—1101年)，字子瞻，号东坡居士，眉山(今四川眉山)人，中国宋代杰出的文学家。长期遭贬谪的仕途生活，使苏轼的足迹遍及我国各地，从钱塘之水到峨眉之峰，从宋辽边陲到岭南、海南，为他品饮各地的名茶提供了机会。在中国文学史上，与茶叶结缘的文人不计其数，但像苏东坡那样精于种茶、烹茶、品茶，对茶史、茶学也颇有造诣的则不多见。同时，他也还创作出很多咏茶诗词。

苏东坡的种茶之道

苏东坡亲自栽种过茶树。这是在他刚遭贬到黄州时，由于他经济困难，生活拮据，黄州一位书生马正卿替他向官府借来一块荒地，他从此便开始亲自耕种，并以地上收获来周济生活。之后，他在这块取名"东坡"的荒地上种了茶树。正如《问大冶长者乞桃花茶栽东坡》中所说的："磋我五亩园，桑麦苦蒙翳。不令寸地闲，更乞茶子艺。"

苏东坡还精通茶叶的种植之道。他在《种茶》诗中说："松间旅生茶，已与松俱瘦"、"移栽白鹤岭，土软春雨后。弥旬得

◆ 苏东坡雕像

茶文化十二讲

中华文化公开课

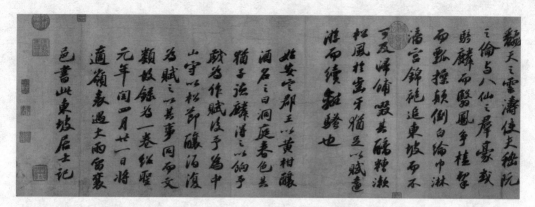

◆ 苏东坡书法作品

连阴，似许晚遂茂"，即茶种在松树间，虽生长瘦小但不易衰老。移植于土壤肥沃的白鹤岭，由于连日春雨滋润，才得以恢复生长、枝繁叶茂。可见，苏东坡在躬耕期间已经深吾茶树的习性。

苏东坡的烹茶之术

苏东坡十分精于煮茶。他提出"精品厌凡泉"，认为好茶必须配好水。熙宁五年在杭州任通判时，就作有《求焦千之惠山泉诗》，这是苏东坡用诗的形式向当时知无锡的焦千之索要惠山泉水。在他的《汲江煎茶》中还提到，煮茶用的水是他亲自在钓石边（不是在泥土旁）从深处汲来的，并用活火（有焰方炽的炭火）煮沸的。为此南宋胡仔赞叹到："此诗奇甚，道尽烹茶之要"。

苏东坡的品茶之法

苏轼深知茶的功用。有一次，苏轼身体不适，他先后喝了七碗茶，之后就感觉身轻体爽，病已不治而愈。苏轼的《论茶》还介绍茶可除烦去腻，用茶漱口，能使牙齿坚密。

苏东坡对煮水器具和饮茶用具很讲究。他指出"铜腥铁涩不宜泉"，"定州花瓷琢红玉"。即用铜器铁壶煮水有腥气和涩味，陶瓷烧水则味道最为纯正；喝茶最好用定窑产的兔毛花瓷，又称"兔毫盏"。苏东坡在宜兴时，还亲自动手设计出一种提梁式紫砂壶。后人为了纪念他，就把这种茶壶命名为"东坡壶"。"松风竹炉，提壶相呼"就是苏东坡用此壶烹茶独饮时的生动描绘。

延伸阅读

苏东坡取水欺介甫

在宋代，苏东坡与王安石（字介甫）的关系颇为特殊，他们之间还有一段千古传诵的茶故事。北宋神宗年间，王安石与苏东坡同朝为官，虽是上下级关系，而且又政见相悖，但仍是挚友。有一次，王安石托苏东坡在长江三峡的中峡取一壶水煮药茶用。谁知苏东坡过三峡时只顾看风景，将此事忘了，便从下江打了一壶水入京送给王安石。王安石煮茶品过后说："你在欺骗老夫，这本是下江水！"苏东坡大惊，承认了是下江水，但令他不解的是，都是长江中的水，王安石何以能辨别呢？王安石说："三峡上江水急，下江水缓，只有中间水相宜，我用你送的水泡茶半晌才见茶色，故知为下江水。"由此可见王安石的博学之处。王安石说："茶之为用，等于米盐，不可一日无。"

以茶看社会的鲁迅

中国伟大的文学家、思想家、革命家鲁迅也喜欢喝茶，但是他喝茶并不十分讲究。更为重要的是，鲁迅是借喝茶来剖析社会和人生，并抨击其中的弊病之处。

鲁迅（1881-1936年）是中国伟大的文学家、思想家和革命家，原名周树人，字豫山、豫亭，后改名为豫才。他出生于浙江绍兴一个没落的士大夫家庭，自幼受诗书经传的熏陶，对文学、艺术有很深的造诣。此外，鲁迅也爱喝茶，他的日记中和文章里就记述了很多饮茶之事和饮茶之道。

鲁迅的喝茶习俗

鲁迅喝茶不是很讲究，据周遐寿在《补树书屋旧事》中说，"平常喝茶一直不用茶壶，只在一只上大下小的茶杯内放一点茶叶，泡上开水，也没有盖，请客吃的也只是这一种。"由此看来，鲁迅喝茶所用的茶杯和过去的茶缸差不多。周遐寿还提到当时常到邑馆与鲁迅聊天的钱玄同。钱玄同到邑馆来，一般是在午后，一直与鲁迅谈到深夜才回去。晚饭后鲁迅照例给倒上热茶，还装一盘点心放在旁边。钱说："饭还刚落肚呢。"鲁迅说："一起消化，一起消化。"这就是同消化的典故。从这件事不仅可以看出鲁迅的幽默，也可以感受到他喝茶的特点。

鲁迅的家乡绍兴盛产茶叶，主要以绿茶为主，但它的品质不如杭州的龙井，所以鲁迅更喜欢龙井茶。鲁迅到上海以后，因为离杭州较近，又有同乡友人在杭州工作，就常托人代购。1928年鲁迅同夫人许广平游西湖，回去时也没有忘记买龙井茶。据他的友人章廷谦回忆："在要回上海的前一天上午，鲁迅先生约我同到城站抱经堂书店去买一些旧书。又在旗下看了几家新书店。晚上一同到清河坊翁隆盛茶庄去买龙井。鲁迅先生说，杭州旧书店的书价比上海的高，茶叶则比上海的好。书和茶叶都是鲁迅先生所爱好的，常叫我从杭州买了寄去。"

◆ 鲁迅雕像

茶文化十二讲

中华文化公开课

◆ 鲁迅故居

鲁迅喝茶看社会

鲁迅对喝茶和人生有着独道的见解，并且善于借喝茶来剖析社会和人生。鲁迅有一篇名为《喝茶》的文章，其中说道："有好茶喝，会喝好茶，是一种'清福'。不过要享这'清福'，首先就须有工夫，其次是练习出来的特别感觉"。"喝好茶，是要用盖碗的，于是用盖碗，泡了之后，色清而味甘，微香而小苦，确是好茶叶。但这是须在静坐无为的时候的。"后来，鲁迅把这种品茶的"工夫"和"特别感觉"喻为一种文人墨客的娇气和精神的脆弱，而加以鞭挞和讥讽。

他在文章中嘲讽道："……由这一极琐屑的经验，我想，假使是一个使用筋力的工人，在喉干欲裂的时候，那么给他龙井芽茶、珠兰窨片，恐怕他喝起来也未必觉得和热水有什么区别罢。所谓'秋思'，其实也是这样的，骚人墨客，会觉得什么'悲哉秋之为气也'一方面也就是一种'清福'，但在老农，却只知道每年的此际，就要割稻而已。"

由此可见，"清福"并不是人人都可以享受的，这是因为每个人的命运不一样。同时，鲁迅先生还认为，"清福"并非时时可以享受，它也有许多弊病，享受"清福"要有个度，过分的"清福"，有不如无。

鲁迅的《喝茶》，就像是一把解剖刀，解析着那些无病呻吟的文人们。虽然题为《喝茶》，但其茶中却别有一番深意。鲁迅心目中的茶，是一种追求真实自然的"粗茶淡饭"，而绝不是斤斤计较、细致入微的所谓"工夫"。鲁迅所追求的"粗茶淡饭"恰恰是茶饮的最高层次：自然和质朴。因此，鲁迅笔下的茶，是一种"社会之茶"。

延伸阅读

鲁迅与许广平的盖世茶情

鲁迅搬到北京西三条胡同第二年的一天，许广平突然来访，大概是由于初次造访，她便邀上林卓凤一起前来。走进屋内就见桌上放着两只茶盏，无疑是茗谈的客人刚走。此刻鲁迅便又净了一净茶盏，招呼道："请坐，就随便用茶吧。"许广平随即动手也斟上一盅茶，大大方方走上前去敬给鲁迅先生，并且不无谐趣地说道："初次拜访先生，不敢失礼，就请先生跟'小鬼'一道用茶吧！"这倒弄得鲁迅一时支吾其词，当即从许广平手中接过茶盏，呷了呷茶，接着似乎半是谦谨，半是打岔说："很是抱歉，今朝我可拿不出新茶来招待二位噢。"此后，鲁迅与许广平从当初的纯乎师生之谊，后经过一个余月的书信频繁往还，逐渐相爱了。鲁迅在给许广平的信中亲昵地称她"小鬼"，许广平复信时也以"小鬼"自命了，而后她把信拿给林卓凤，林卓凤看后禁不住掩口而笑。

隐于茶斋的周作人

鲁迅笔下的茶，是一种"刀枪和匕首"，而周作人文中的茶，则是书斋之中的"苦茶"，是对现实的归隐和逃避。他一生钟爱绿茶，崇尚清茶闲话，"苦中作乐"才是他心中真正的茶道。

周作人(1184—1968年)，字起孟，号知堂，晚号苦茶庵老人。绍兴人，鲁迅之弟，曾参加《新青年》编辑工作，任《新潮》月刊编辑主任，创办《语丝》杂志等，被认为是现代杰出的散文家。他的小品文以通达雅致，平和冲淡为特色，开创了颇有影响的"苦茶派"文学。在现代文人中，他与茶的关系也很突出，在他的小品文中很多都谈到了茶。

独饮绿茶的周作人

周作人从小就开始饮用绍兴本地采制的平水珠茶，他的许多散文中都谈到他饮绿茶的习惯。如早期文章《喝茶》、《关于苦茶》，以及解放后的《吃茶》和《煎茶》。他在这些文章中说自己只爱绿茶，而不喜欢红茶和花茶。在1924年的《喝茶》中还说"喝茶以绿茶为正宗，红茶已经没有什么意味，何况又加糖与牛奶"。周作人除了喝龙井、平水珠茶外，还有六安茶、太平猴魁、横山细茶等等。除此之外，周作人在日记中还记载他在短短的一个多月中，就喝了近500克龙井，可见周作人的茶瘾很大。

清茶闲话的周作人

周作人很向往清茶闲话的生活，这也是历史上文人逸士的普遍偏好。1923年他在《雨天闲话·序》中说"如在江村小屋里，靠着玻璃窗，烘着白炭火钵，喝清茶，同友人谈闲话，那是颇为愉快的事"。一年之后，他在《喝茶》中又说，

◆ 周作人

◆ 周作人作品集的图片

"喝茶当于瓦屋纸窗之下，清泉绿茶，用素雅的陶瓷茶具，同二三人共饮，得半日之闲，可抵十年的尘梦"。这已充分彰显了周作人内心深处固有的传统士大夫气息。事实上，他在大部分的人生时光中也的确是过着这种悠闲的生活，读书、写作、吃茶、会友便是他的全部。

以茶待客的周作人

周作人经常用茶款待客人，碧云在《周作人印象记》中回忆道"书房桌椅布置得像日本式的，洁净漆黑茶盘里，摆着小巧玲珑的茶杯"。梁实秋在《忆岂明老人》中也细致地回忆了他在周作人家中吃茶的情景，"照例有一碗清茶献客，茶盘是日本式的，带盖的小小茶盅，小小的茶壶有一只藤子编的提梁，小巧而淡雅。永远是清茶，淡淡的青绿色，七分满。"此外，林语堂在《记周氏兄弟》中还描绘了周作人举办的"语丝茶话"的活动。

钻研茶道的周作人

周作人不但喜好喝茶，也研究茶学。如他喝过苦丁茶后，就翻阅了大量的古书和资料来考证其来历，甚至将民间可以用来代茶的植物都梳理了一遍。还像学生作植物学实验一样，认真地将杯中叶子取出弄平，仔细观察。周作人对辅茶的食品也很精通。在南京水师学堂读书时，他对下关江天阁茶馆的茶食"干丝"（豆制品）非常喜欢，此外，他对日本茶点也很赞赏，认为其形式优雅、味道朴素，很适合茶食。但他印象最深的是绍兴周德和豆腐店的"茶干"，他曾在《喝茶》一文中对其进行详细的描绘。

吃"苦茶"的周作人

周作人饮"苦茶"，并不是指他的饮茶习惯越来越浓，只是反映了他的生存状态。历史上，文人的最高理想是济世救世，但往往又怀才不遇，于是开始转向归隐山林，游戏人生，从日常生活的琐碎中寻求艺术的情趣。

延伸阅读

周作人的苦茶文学

周作人认为现代文学的源流是明末"公安派"文学。周作人的小品文同明清流行的"公安派"的性灵文学一脉相承，形成了冲淡、清涩、平和并有广泛影响的"苦茶派"文学。周作人在1945年把自己的文章分为两大类，"正经文章"和"闲适文章"。他说自己写闲适文章时，的确是像吃茶喝酒一般，正经文章则仿佛是馒头或大米饭。他还说自己这些闲适的小品文就像饭后喝一杯浓普洱茶，只能当作雅玩。曹聚仁对周作人的"苦茶"文学曾做过如下评价："知堂（周作人）的文字，淡远移人，如饮龙井茶，耐人寻味。"他的小品文，亲切通达而妙趣横生，还夹杂着几分忧郁、惆怅，同时注重适度的含蓄，别有一种苦涩之味。周作人自己认为："拙文貌似闲适，往往误人，唯一二旧友知其苦味。"

因《茶馆》而闻名的老舍

中国著名文学家老舍以《茶馆》而闻名于世，他的创作基础是基于对茶馆的亲身经历和深刻感悟。在生活中，老舍也是一个爱茶之人，他所好之茶很为广泛，喝茶也比较随意。

老舍（1899—1966年），北京人，满族，原名舒庆春，字舍予，老舍是最常用的笔名。老舍是我国现代著名的文学家，以善于描写旧北京市民与下层劳动人民的生活而著称。他的话剧《茶馆》就是以一家茶馆的兴衰表现了新旧社会交替的历史变迁。读了老舍先生的《茶馆》，就会对旧北京、旧社会有一个更深刻的了解。当然，也正是由于老舍对茶、对茶馆的深刻经历，才能写得出如此经典的话剧。

茶文化公开课 中华文化十二讲

◆ 老舍纪念馆

《茶馆》的创作渊源

贫民家庭出身又久居北京的老舍先生，创作《茶馆》是有着深厚的生活基础的。老舍出生的第二年，充当守卫皇城护军的父亲在抗击八国联军入侵的巷战中阵亡。从此，全家依靠母亲给人缝洗衣服和充当杂役的微薄收入为生。老舍在大杂院里度过艰难的幼年和少年时代，使他从小就熟悉挣扎在社会底层的城市贫民，喜爱流传于北京市井巷里和茶馆的曲艺、戏剧。

在老舍的出生地小杨家胡同附近，当时就有茶馆。每次他从门前走过，总爱多瞧上几眼，或驻足停留一会儿。成年后也常与朋友一起去茶馆品茗。所以，他对北京茶馆非常熟悉。1958年，他在《答复有关〈茶馆〉的几个问题》中说："茶馆是三教九流会面之处，可以容纳各色人物。一个大茶馆就是一个小社会。这出戏虽只三幕，可是写了五十来年的变迁。在这些变迁里，没法子躲开政治问题。可是，我不熟悉政治舞台上的高官大人，没法子正面描写他们的促进与促退。我也不十分懂政治。我只认识一些小人物，这些人物是经常下茶馆的。那么，我要是把他们集合到一个茶馆里，用他们生活上的变迁反映社会的变迁，不就侧面地透露出一些政治消息么？这样，我就决定了去写《茶馆》。"所以，正因为老舍先生对"一个大茶馆就是一个小社会"有切身的感悟，才能写出《茶馆》这样的经典之作。

酷爱饮茶的老舍

在生活中，老舍本人也极为好茶，边饮茶边写作是他一生的习惯，他的"茶瘾"很大，并且喜饮浓茶，一日三换，早、中、晚各来一壶。外出体验生活，茶叶是随身必带之物。在他的小说和散文中，也常有茶事提及或有关饮茶情节的描述。他的自传体小说《正红旗下》谈到，他的降生，虽是"一个增光耀祖的儿子"，可是家里穷，父亲曾为办不起满月而发愁。后来，满月那天只好用清茶来恭候来客。

老舍在抗日战争时期也是日不离茶，他在回忆抗战生活的《八方风雨》中说，自己的生活水平下降了，但生活的品位并没有下降，这其中很重要的一个因素就是茶带来的情调。在云南的一段时间，朋友相聚，他请不起吃饭，就烤几罐土茶，围着炭盆，大家一谈就谈几个钟头，倒是颇有点"寒夜客来茶当酒"的儒雅之风。

老舍爱茶，兼容并包，无茶不饮，不论绿茶、红茶、花茶，都爱品尝一番。即便是出国访问，也忘不了喝茶。老舍有一次去莫斯科访问，在房间泡茶喝，但刚喝上几口，就被服务员拿去倒掉了。原来外国人喝茶是定时论"顿"的，以为老舍喝完了。老舍只能哭笑不得地说："他不知道中国人喝茶是一天喝到晚的呀！"这也从侧面反映了中俄茶文化的差异。

老舍在家里也经常用好茶、名茶来款待客人。正如一位作家回忆说："北京人爱喝花茶，认为只有花茶才算是茶(北京有很多人把茉莉花茶叫作茶药花)，我不太喜欢花茶，但好的花茶例外，如老舍先生家的花茶。"由此，我们可知，老舍自己喝茶比较随便，但他待客的茶是颇为讲究的。

老舍的《茶馆》也许早已成为历史，但茶却永远会伴着中国人。在中国人的生活中，特别是在像老舍一样的文人那里，坐茶馆永远是在体味一种境界。

延伸阅读

老舍茶馆

老舍茶馆是以人民艺术家老舍先生的名字命名的茶馆，始建于1988年。在这古香古色、京味十足的茶馆里，客人每天都可以欣赏到来自曲艺、戏剧等各界名流的精彩表演，同时可以品用各类名茶、宫廷细点和北京的各种风味小吃。因此，老舍茶馆就像是一座历史博物馆，浓缩了京城文化的古韵，人们在感官享受的同时，精神也受到一次文化的洗礼。自开业以来，老舍茶馆接待了很多中外名人，在世界各国享有很高的声誉。其中在1992年接待了日本前首相中曾根，1993年接待了新加坡总统王鼎昌，1994年接待了美国前总统布什，2005年接待了中国国民党前主席连战等世界知名人士。

第十二讲
茶馆兴衰——市井茗风浓

初露锋芒的唐代茶馆文化

茶馆文化是茶文化的重要组成部分。唐代随着饮茶之风的盛行和市民茶文化的兴起，茶馆开始出现。当时的茶馆已经初具规模，在许多名人的笔下也多有记载，但其文化特征还不明显。

在中国南北朝时期，出现了以贩卖茶饮为生的商贩。西晋文学家傅咸在《司隶教》中就记述了四川地区一个老婆婆因上街卖茶粥而被官府衙门驱逐的故事。《新唐书·陆羽传》也记载了："天下普遍好饮茶，其后，尚茶成风。"可见，中国饮茶的历史虽然很早，但饮茶之风的真正盛行是在唐代中晚期。而茶肆就是随着饮茶习俗的兴盛而出现的，这一种以喝茶为主的综合性群众活动场所。唐宋时称茶馆为茶肆、茶坊、茶楼、茶邸，明代以后始有茶馆之称，清代以后就惯称茶馆了。唐代封演的《封氏闻见记》中说："（唐代开元年间）邹、齐、沧、棣，渐至京邑城市，多开店铺，煎茶卖之，不问道俗，投钱取饮。"这是关于茶肆最早的记载。

茶馆的萌芽

纵观唐代茶文化史，茶肆在这一时期出现主要是由于当时饮茶之风的盛行。唐朝初年，茶叶的种植已经非常普遍，茶税也成为国家的一项重要税收，但文人饮茶的风气尚未盛行，所以关于饮茶的记载并不很多。

安史之乱后情况有了较大的改变，由于唐王朝由盛而衰，朝中政治斗争激烈，许多知识分子因政治失意，又受佛教禅宗的影响，转

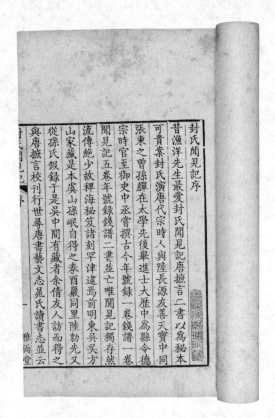

◆《封氏闻见记》书影。此书是目前发现的最早记载茶馆的文献。

中华文化公开课

茶文化十二讲

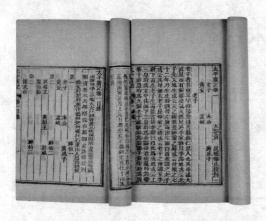

◆ 《太平广记》。此书为宋代李昉等编著，其中有记载茶肆的内容，是研究茶馆文化的重要文献。

而崇尚幽静，追求自然、淡泊的人生境界，因此饮茶之风开始盛行。尤其是陆羽《茶经》的问世，助长了文人的饮茶之风，关于饮茶的记载也越来越多。

唐代茶馆的概况

在唐代茶馆中，陆羽被奉为茶神。《新唐书·陆羽传》中记载："羽嗜茶，著经三篇，言茶之原、之法、之具尤备，天下益知饮茶矣。时鬻茶者，至陶羽形置炀突间，祀为茶神。"

关于唐代茶馆的情况，唐代知识分子给我们提供了很多资料。但总体看来，茶馆在当时主要是用于休息、解渴的。《封氏闻见记》记载了不少茶邸的佚事，唐朝长庆初年，有一次韦元方出门，正好遇见裴璞，裴璞"见元方若识，争下马避之入茶邸，垂帘于小室中，其从御散坐帘外。"这里的"茶邸"就是茶肆。关于茶馆的文字记载，除了已经提到的《封氏闻见记》外，还有一些著作涉及唐代的茶馆。据《旧唐书·王涯传》

载，文宗太和七年，江南榷茶使王涯在李训诛杀宦官仇士良事败后，苍惶出逃，但逃至永昌，在一家茶肆里喝茶时，不幸被禁兵擒获。此外，宋代李昉等编的《太平广记》也有在茶肆中休息的相关记载。

此外，日本僧人圆仁所著的《入唐求法巡礼行记》还记载了唐代农村的茶馆。书中记载唐会昌四年(844年)六月九日，圆仁在郑州"见辛长史走马赶来，三对行官遇道走来，遂于土店里任吃茶。"据吴旭霞《茶馆闲情》描述，唐代除了长安有很多茶肆之外，民间也有茶亭、茶棚、茶房等卖茶设施。

方兴未艾的宋代茶馆文化

唐代的茶馆主要是供人们喝茶休息的公共场所。到了宋代，茶馆的社会功能逐渐增强，已经不再是单纯的休息场所，它还具有了联络感情、交流信息、休闲娱乐以及解决社会纠纷等功能，而茶馆文化也就随之形成。

到了宋代，由于皇室的提倡，饮茶之风更为盛行，而且以极快的速度深入民间，茶成了人们日常生活的必需品之一。吴自牧《梦粱录》说："人家每日不可阙者，柴、米、油、盐、酱、醋、茶。"随着饮茶之风的盛行，宋代的茶馆也开始兴盛起来，几乎各大小城镇都有茶肆，而且逐渐脱离酒楼、饭店，开始独立经营。

北宋都城开封自五代时就有茶馆。据宋人孟元老《东京梦华录》载，北宋建都开封后，在皇宫门内的朱雀门大街、潘楼东街巷、马行街等繁华街巷，都是茶肆林立。南宋经济较北宋发达，城市也更加繁华，南宋

◆《清明上河图》中的茶肆

都城杭州及各州县都开有茶馆。据范祖禹《杭俗遗风》所载，杭州城内还有所谓"茶司"，其实就是一种流动的茶担，是为下层百姓服务的。

茶馆兴盛的缘由

南北宋在外交上十分软弱，使得封建知识分子在精神上有一种压抑感。当时的文人已经没有了奋发昂扬的精神，转而寻求个人生活的精致。此外，由于当时农村耕地的扩大和农作物单位产量的提高，许多人脱离了农业生产，从事文化活动，知识分子人数激增。而且宋代重文轻武，文人有着极高的政治地位，他们崇尚平淡、幽静，精神和物质生活倾向纤弱、精致，而饮茶恰恰具备了这一特点。文人的饮茶为下层百姓所效仿，这对饮茶之风向市井普及起到了推波助澜的作用。

市民阶层的兴起对宋代茶馆的兴盛也起了很大的作用。两宋城市人口较多，来源也非常复杂。除了大量的商人、手工业者、挑夫、小贩之外，还有很多落魄文人、僧人、妓女等。宋代的茶叶种植十分广泛，不

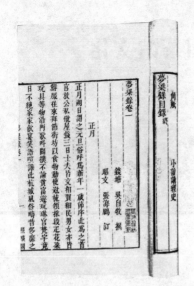

◆《梦粱录》书影。此书记载了宋代茶肆，还对杭州的茶馆文化进行了翔实的记录。

但产量大为增加而且制茶的技术也迅速提高，出现了许多名茶。这为饮茶之风的盛行创造了必不可少的条件。

此外，北宋王朝在军事部署上也十分奇特，采取了"守内虚外"的政策，把大部分军队驻屯在国内的重要地区，以防范农民的反抗。同时，为了防止农民迫于饥寒，铤而走险，北宋王朝每到荒年还大量招募饥民来当兵，从而使军队的数额不断扩大。这些人口都涌入城市，他们自然需要一个能够满足他们住宿、饮食、娱乐、交流信息的活动场所，于是茶馆等服务性设施开始流行。

茶馆的文化功能

宋代的茶馆具有一些文化功能，已经不再是单纯的饮茶解渴的场所，它开始给人们提供精神愉悦的功能，这在茶馆的装饰上表现的很明显。如《梦粱录》中说杭州的大茶馆富丽堂皇，目的虽然为了吸引客人，但它确实美化了环境，增添了饮茶的乐趣。今天，许多茶馆同样重视装饰，使得饮茶具有了优雅的环境。此外，许多茶馆还安排了多样化的文化活动，以满足不同层次人们的需要。

据史料记载，宋代除了唱曲、说书、卖娼、博弈的茶馆之外，还有人情茶馆、聘用工人的市头、蹴球茶馆、大街车儿茶肆、士大夫聚会的蒋检阅茶肆，甚至还有买卖东西的茶馆。出入茶馆的人也形形色色，尤其是一些靠茶馆谋生的社会下层百姓。据《东京梦华录》载，茶馆中有专门跑腿传递消息的人，叫"提茶瓶人"。最初，这些人的服务对象主要是文人，后来范围扩大，媒婆、帮闲也厕身其间了。

两宋茶馆虽不是鼎盛时期，但它基本上奠定了中国传统茶馆文化的基础，此后元、明、清直至近代的茶馆虽呈现出不同风貌，但基本没有超出两宋茶馆的格局。

延伸阅读

形形色色的宋代茶馆

宋代茶馆的种类很多，主要有以下四类：

歌舞茶馆，即《东京梦华录》中所谓"按管调弦于茶馆酒肆"。据《武林旧事》所载，杭州较有名的茶坊都有歌妓。

说书茶馆。据《夷坚志》载，在南宋孝宗时，杭州茶馆中就有人说书了。据《夷坚志》载："四人同出嘉会门外茶肆中坐，见幅纸用绯贴，尾云：'今晚讲说《汉书》。'"

妓院茶馆。《梦粱录》载："大街有三五家开茶肆，楼上专安着妓女，名曰花茶馆。"

博弈茶馆。洪皓《松漠记闻》载："燕京茶肆设双陆局，或五或六，多至五十博蹴局，如南人茶肆中置棋具也。"

各具特色的元明茶馆文化

到了元代，茶馆依旧风行九州，崇尚"俗饮"也是这一时期茶馆文化的特征。明代的茶馆文化则更为成熟，雅俗并存的文化格局更是彰显了中国茶馆文化的兼容并包。这时的茶馆，已经成为社会的一个缩影。

元代茶馆的数量很大，在民间甚至把"茶帖"（类似于现在的代金券，专门在茶馆中使用）当钱使用，由此可见茶馆在元代已经有了相当程度的普及。元代茶馆的社会功能也是多样化的。如元人秦简夫的杂剧《东堂老劝破家子弟》中说，"柳隆卿、胡子传上，云：……今日且到茶房里去闲坐一坐，有造化再弄个主儿也好。"这里的柳隆卿、胡子传是戏中两个帮闲无赖人物，他们所说的"再弄个主儿"即寻找有钱人家的子弟，怂恿其挥霍，自己从中捞钱的意思。这个例子说明元代茶馆文化已经是当时社会生活的一个缩影了。

崇尚"俗饮"的元代茶馆文化

元代文人对茶馆的态度开始发生了变化。两宋时期，文人士大夫普遍认为茶馆品位不高，"非君子驻足之地"。而元朝的社会情况有较大的变化，文人受其影响很大。因为入主中原的蒙古族人不太重视文化教育，元朝建立之初就取消了科举考试，使许多知识分子失去了惟一的一条走向仕途的道路。郁闷的文人开始热衷于泡茶馆，以排解

心中的烦闷。

由于蒙古人性格豪爽质朴，对宋代精致文雅的茶艺茶技不感兴趣，而是喜欢直接冲泡茶叶。因此，散茶在元代大为流行。散茶简化了饮茶的程序，在某种程度更加有利于饮茶的普及，促进茶馆的大规模发展。此

◆ 元人简朴的饮茶风气

外，随着饮茶的简约化，元代茶文化出现了一个明显的趋势，即"俗饮"日益发达，饮

茶文化十二讲

中华文化公开课

◆ 不同版本的《陶庵梦忆》。此书中较早
　记载了茶馆。

茶与百姓生活结合得更为密切而广泛，而"俗饮"也正是茶馆文化的精神。

"雅俗共享"的明代茶馆文化

"茶馆"一词正式出现在明代末期。据张岱《陶庵梦忆》记载："崇祯癸酉，有好事者开茶馆。"明代茶馆较之唐宋，多元化倾向更加明显。经过唐、五代、宋、元的发展，茶馆在明代走向成熟。

明代茶馆较之以前各代有了比较明显的变化，其中最重要的是茶馆的档次有了区分，既有面对平民百姓的普通茶馆，也有了满足文人雅士需要的高档茶馆，后者较之宋代更为精致雅洁，茶馆饮茶对水、茶、器都有严格的要求，这样的茶馆自然不是普通百姓可以出入的。明代市井文化相当繁荣，这是由于明代资本主义萌芽的出现，商品经济也十分发达。在这样的社会背景之下，明代的茶馆文化又表现出更加大众化的一面，最为突出的表现即是明末北京街头出现了面向普通百姓的大碗茶。

明代茶馆除了茶水之外，还供应各种各样的茶食，仅《金瓶梅》一书就提及了十余种之多。此外，这一时期曲艺活动盛行。北方茶馆有大鼓书和评书，南方茶馆则盛行弹词。这为明代通俗文学的繁荣起了推波助澜的作用。张岱在《陶庵梦忆·二十四桥风月》还记载了江苏扬州"歪妓多可五六百人，每日傍晚，膏沐熏烧，出巷口，依徙盘礴于茶馆酒肆之前，谓之'站关'。"可见妓女之众、茶馆之多，而妓女与茶馆的共生关系更值得研究。

元明茶馆文化具有雅俗共存的特征，从而突破了茶馆的庸俗化倾向，满足了社会各个阶层的不同需求，也使茶馆自身保持了旺盛的生命力，同时，也进一步体现了茶馆文化的开放性和包容性，丰富和发展了中国的茶馆文化。

知识小百科

中国古典茶馆样式——室内园林式

当"自然"越来越为城市稀缺时，把大自然搬入茶馆，在室内营造自然美景的做法就日益风行。它以中国园林建筑为蓝本，模仿古代私家花园而建，极富典型的江南园林特色茶馆。小桥、流水、亭台、假山、拱门，被从室外移入室内，一应俱全，使人恍若置身烟花三月的江南。不经意间，秀美的山石中，已经映现了几分闲情野趣，而那清宁质朴的氛围，更能使人真切地融入到久违的大自然之中。如上海的车马炮茶坊整体设计借鉴了明清时代江南园林亭、台、楼、阁的设计布局。茶桌周围布置着流水、溪石、栽花等景观，更有难得一见的水风车。在幽雅的音乐背景中，使人仿佛置身江南的小桥流水之中。

登峰造极的清代茶馆文化

由于经济的繁荣，清代的茶馆遍布于全国各地，清茶馆、饭茶馆、书茶馆和戏茶馆开始流行于当时的各大城市。

清代茶馆遍布全国各地，其数量之多为历代所不及。据统计，当时北京有名的茶馆就有几十家，上海比北京还多出一倍，而产茶胜地杭州的茶馆更是鳞次栉比，在西湖周围，几乎到了步步为营的地步。吴敬梓在《儒林外史》中就描述到 "(马二先生)步出钱塘门，在茶亭里吃了几碗茶……又走到(面店)间壁一个茶室吃了一碗茶，买了两个钱处片嚼嚼，……又出来坐在那个茶亭内"。

◆ 清代茶馆

此外，清代民间茶馆的繁荣甚至波及到了皇宫。乾隆年间，每到新年，朝廷即在圆明园中设买卖一条街，街中即有模仿一般城市所设的茶馆，而且逼真如实，热闹异常。由此可见当时茶馆吸引力之大、影响之深。

茶馆繁盛的缘由

清代前期，由于统治阶级的励精图治，出现了历史上著名的"康乾盛世"。清代的制茶业比以前更为发达，康熙中叶，福建瓯宁一地就有上千个制茶作坊或工厂，大厂往往多达100多人，小厂也有几十人。云南普洱所属的六茶山，雍正时已名重于天下，入山采茶制茶者很多。据乾隆《雅安府志》卷七《茶政》所载的"茶船遍河"，可见当时茶叶的贸易之盛以及消费数量之巨大。

除了经济的繁荣之外，清代的社会结构也有利于茶馆的发展。清朝是满族人统治的国家，旗人享有特殊的权利，在安定和平的局面下，八旗子弟游手好闲，频繁出入于茶馆、酒肆之中，带动了茶馆业的繁荣。

清代茶馆的文化功能

清朝茶馆的文化功能与前代没有什么特别之处，茶馆仍然是供人们饮食、休息、娱乐、交流信息的活动场所。当时的茶馆大约有四种，即清茶馆、茶饭馆、书茶馆和戏茶馆。

茶饭馆则是针对普通民众，但是其提

◆《儒林外史》书影。书中的故事情节多
处涉及茶馆，反映了清代茶馆的繁盛。

供的饭食一般都很简单，不像饭馆的品种
多。上文提及《儒林外史》中马二先生游西
湖，茶室供应的食品就有橘饼、芝麻糖、粽
子、烧饼、处片、黑枣、煮栗子等，严格说
来，这连简单的饭食都算不上，只是辅茶的
点心。

书茶馆在清代非常盛行，北京东华门
外的东悦轩、天桥的福海轩等就是有名的书
茶馆，是人们娱乐的好地方。

戏茶馆在清代也很常见，最早的戏馆
统称茶园，是朋友聚会喝茶谈话的地方，看
戏不过是附带的性质。这些戏馆不收门票，
只收茶钱，可见茶馆与戏曲的密切关系。

茶馆文化的繁盛

清代出入茶馆的人涵盖了社会的各阶
层。这些人在茶馆中演绎着自己独特的生活
方式，这一定意义上讲，茶馆已经成为当时
社会的一个缩影，人们在茶馆中品的不仅仅
是茶水，而是社会中形形色色的人和事，以
及自己人生历程中的酸甜苦辣。这也使得茶
馆文化在这一时期开始走向成熟。

茶馆文化是市民茶文化的产物，而市
民又是一个人数众多、身份难以界定的庞大
阶层，由于出身不同、修养不同、贫富不
同，需求也就各不相同。为满足他们的不同
需要，茶馆的经营方式必然会呈现出多样化
的特点，甚至背离了茶馆的基本原则。但恰
恰是这样一种多样性和开放性成就了中国的
茶馆文化，因为大众性、娱乐性、包容性才
是茶馆文化的精神之本。

知识小百科

中国古典茶馆样式——民族式

民族式，又称"民居式"，也称作"民族乡土式"。民居，是指各地具有地域风格的民用住房。如北京的四合院、上海的石库门、云南的傣家竹楼、新疆的毡包等。浓郁的地域色彩和乡土的氛围不仅能营造出茶馆别致生动的室内情调，也能使茶客体验亲切和质朴的民俗韵味。民族茶馆借鉴特有的乡土建筑手法来营造室内空间。比如，借用徽派建筑特色的徽式茶馆，模仿特殊吊脚楼建法的傣族茶馆等。通常为了烘托乡土风味和民俗情韵，茶馆内部陈设有诸如竹木家具、牛车、蓑衣、古井、石磨、水桶、水车等带有地域风情的日常生活用具，以追求一种乡村气息。

第十二讲 茶馆兴衰——市井茗风浓

231

日渐式微的近代茶馆文化

近代中国的文化特征是文明与愚昧并存，先进与落后同在。中国的茶馆文化自然也要受这一社会大环境的影响，发生了很多变化。

老舍的《茶馆》对近代茶馆文化有两段经典描写：

"这里卖茶，也卖简单的点心和饭菜。玩鸟的人们，每天在遛够了画眉、黄鸟之后，要到这里歇歇腿，喝喝茶，并使鸟儿表演歌唱。商议事情的、说媒拉纤的也到这里来，那年月，时常有打群架的，但是总会有朋友出头为双方调解；三五十口子打手，经调人东说西说，便都喝碗茶，吃碗烂肉面(大茶馆特殊的食品，价钱便宜，作起来快当)，就可以化干戈为玉帛了。总之，这是当日非常重要的地方，有事无事都可以来坐半天。"

"在这里，可以听到最荒唐的新闻，如某处的大蜘蛛怎么成了精，受到雷击。奇怪的意见也在这里可以听到，象把海边上修上大墙，就足以挡住洋兵上岸。这里还可以听到某京剧演员新近创造了什么腔儿，和煎熬鸦片烟的最好方法。这里也可以听到某人新得到的奇珍—— 一个出土的玉扇坠儿，或三彩的鼻烟壶。这真是个重要的地方，简直可以算作文化交流的所在。"

这两段话精准地概括了中国近代茶馆的社会功能。

茶馆文化的转变

中国近代茶馆文化与古代茶馆文化相比有了很大的变化，最主要的就是茶馆中茶的角色转化问题。茶馆刚刚兴起的时候，其

◆ 近代茶馆

主要目的是为了解决饮食与休息，后来又有了娱乐和信息交流的功能，但喝茶还是重要内容。尤其是文人进茶馆，讲究茶、水、器，使茶馆开始向高雅精致的方面发展，与市民的"俗饮"一起成为茶馆文化的两大特色，二者互不干涉，平行发展。

到了近代，茶馆有了更多的社会功能，如老舍在《茶馆》中的相关描述，茶水在其中只起了一个媒介作用，地位有所下降。茶馆似乎只是一个场所，饮茶变得可有可无了。有些茶馆更是"醉翁之意不在酒"，名为茶馆，志在其他。一些茶馆甚至变成了藏污纳垢的地方。但不管怎么说，茶馆从它最初产生的那一刻起，就是市民文化的结晶，它是为普通大众服务的，满足他们的要求是茶馆经营的一个原则。

茶馆的污秽之风

近代中国，社会环境极其污浊，茶馆也深受其影响。近代茶馆中的狎妓之风依旧风行。据一些史料记载：当时青莲阁茶肆中的茶客并不是品茗之人，而是品雉（雉就是流妓）；同芳茶居，每到天黑之时，妓女就会蜂拥而至。日本在中国开设的一些茶馆其实质也是妓院，提供服务的都是从日本招来的妙龄少女，但后来因为有损日本声誉而被查禁。此外，黑社会在茶馆的活动也很多，从事窝藏土匪、私运枪支、贩卖毒品、绑架勒索、拐卖人口等罪恶活动。当时出入茶馆的人更是三教九流，除社会闲杂人员之外，甚至有私访的官员、政府的密探，以至于大小茶馆都贴有"莫谈国事"的字条。茶馆中的悠闲之风荡然无存。

新文化运动之后，整个社会发生了翻天覆地的变化，随着"科学"、"民主"之风的盛行，大量的西方思想进入中国，中国传统文化日趋衰落，植根于中国传统文化之上的茶馆也随之没落。人们的娱乐、休闲观念也发生了很大的变化，随着新兴娱乐设施的兴起，诸如舞厅、影院等吸引了更多的年轻人，去茶馆中喝茶的人越来越少。中国的茶馆业开始进入了萧条时期。

总而言之，茶馆文化就是俗文化。它的特点就是其开放性、平民性和包容性。近代茶馆，虽然污秽之风盛行，但它仍然是茶馆文化的发展和补充。

延伸阅读

以茶评理

"以茶评理"是调解打架的一种方式。乡间街坊发生了纠纷(有关房屋、山林、水利、婚姻等)，彼此觉得不值得上衙门，就去茶馆评理。具体的情形是：发生纠纷的双方约定时间，在茶馆外面临街的地方摆两张桌子，邀请当地最有声望的人去坐评判，在场茶客，每人一碗茶水，听双方陈述始末，由茶客评议，最后由最有声望的人裁决，理亏者付清茶资，双方不得反悔，事情就算圆满解决。但也有因调解不成而使打架升级的。许多地方都有这种风俗，这大约是由茶馆的特殊性质决定的。

平民色彩的北京茶馆文化

北京的茶馆最早出现在元朝，明清两代发展很快。因为北京是全国的政治、经济中心，所以北京茶馆的区域性文化特征并不明显，大众性是北京茶馆的主要文化特征。

北京的茶馆在清代极为发达，它的发展与清代"八旗子弟"饱食终日、无所用心泡茶馆有关。在清末，甚至官居三、四品的大员，也喜欢坐茶馆。很多北京百姓也有喝茶的习惯。不少北京人早晨起来的第一件事

◆ 老舍茶馆

就是泡茶、喝茶，茶喝够了才吃早饭，所以，老北京人早晨见了都问候：喝了没有？如果问吃了没有，就有说对方喝不起茶的嫌疑，是很不礼貌的。由此可见，饮茶已经成

为北京民众生活的一部分，他们也是茶馆中的主角。

独特的茶馆习俗

北京的茶馆与南方的茶馆不同，有很多独特之处。其一，北京茶馆是把开水与茶叶分开结账，有的茶馆干脆只供应开水，称为"玻璃"，听凭茶客自带茶叶，"提壶而往，出钱买水而已"。其二，北京茶馆所卖的茶叶，一律是茉莉花茶，俗称"香片"，不像南方茶馆还有红茶、绿茶等多种茶叶供应。其三，茶馆里用的茶壶也很有特点，大肚子，细长壶嘴，俗称"铜搬壶"，沏茶时从柄上一搬，开水就从壶嘴流出。

北京茶馆的服务人员都是男性茶倌，而没有女招待。因为茶馆中人员庞杂，如遇

见不检点的茶客，会使主客都不愉快，这也是一种行规。《茶馆》中的王利发在茶馆经营惨淡而打算请女招待时，要自己掌嘴的原因就在于此。此外，茶馆伙计提水壶的手势有讲究，要手心向上、大拇指向后。茶谱写在特制的大折扇上，客人落座后，展开折扇请其点茶。

田园风味的野茶馆

野茶馆是指设在北京郊外的茶馆。旧时北京的郊区与现在不同，具有纯粹的乡村特征，而茶馆也是农家小院的模样。茶馆的设置也很粗陋，多是紫黑色的浓苦茶。这类茶馆主要以环境清幽、格调朴素为卖点，主要是供人休闲、遣闷，也可做临时的歇脚点。这种风格的野茶馆也正好契合了文人对田园的追求，所以也曾经红火一时。北京较著名的野茶馆有麦子店茶馆、六铺炕野茶馆等。

茶助弈兴的棋茶馆

北京的棋茶馆多集中在天桥市场一带，茶客以普通百姓为主，而且多是闲人。大多数棋茶馆只收茶资不收棋盘租费，但茶室的设备十分简陋，只是将长方形木板铺于砖垛或木桩上，然后在上面画上棋盘格，茶客便可以在这里边饮茶边对弈，来这里的人们主要是为了下棋，对茶具、茶叶并不讲究。当然，北京也有专门的棋茶馆，这些棋茶馆环境高雅、器具别致，如什刹海二吉子围棋馆、隆福寺二友轩象棋馆等。

简朴的季节性茶馆

北京的季节性茶馆一般设施都比较简陋，但其环境却十分适合吃茶。尤其是什刹海附近的茶馆最为有名，旧时的什刹海不仅有荷花，还有各种水生植物，如菱、茨等，甚至还有不少稻田。坐在这样的茶馆里喝茶，满园的荷塘景色尽收眼底，颇有一番"江南可采莲，莲叶何田田"的滋味。季节性茶馆往往还兼卖佐茶的点心，种类多而且做工精致，较有名的是莲藕菱角、豌豆黄等。

除此之外，北京的新式茶馆也曾经繁盛一时。新式茶馆是以茶社、茶楼命名的茶馆。庚子祸乱后，北京前门外建造了几处新式市场，如劝业场、青云阁等，茶社就开设在新式市场中。这种茶社的鼎盛时期是在清末民初前后十三四年中，在30年代中叶则开始走向没落。

延伸阅读

北京茶馆中的"大"、"清"、"书"、"饭"

大茶馆茶价低廉，在清代曾经红极一时，茶客多为旗人。大茶馆人员繁杂，是信息交流的中心，极具大众性。这与北京特殊的城市特色有关：关心政治，注重清谈，生活悠闲。

清茶馆则以喝茶为主，茶客也多为闲散老人和纨绔之辈。在这里喝茶的人多谈论家常琐事，也有茶客在这里谈论买卖，互通信息。

书茶馆里则有艺人说书，客人要在茶资之外另付听书钱。所评书主要有长枪袍带书、侠义书、神怪书等。书茶馆培养了许多著名艺人，如女艺人良小楼、花小宝、小岚云等。

茶饭馆除喝茶之外也可以吃饭，但提供的饭食都很简单，不像饭馆的品种繁多。老舍先生的名剧《茶馆》里的裕泰茶馆就是一家茶饭馆，所备食物似乎只有烂肉面一种。

雅致繁盛的上海茶馆文化

上海茶馆文化始于清代初年，随着市民文化的兴起，茶馆开始成为人们休闲娱乐、信息交流、商洽经济的场所，也是人们品味社会的窗口。

清朝初期的洞天茶楼是上海的第一家大型茶楼，比之稍晚一点的是丽水台茶楼，从此上海茶馆的生意开始兴旺起来。史载，清末宣统元年（1900年），上海约有茶馆64家，到了民国八年（1919年），短短十年间便增到164家。近代上海的茶馆更是发展迅速，随着市民文化日益发达，茶馆也成为人们消闲、娱乐、交流的重要场所。

◆ 老上海茶馆

不同等级的茶馆

上海有很多高档茶馆，出入这种茶馆的人一般来自上流社会，多为政界要人、社会名流、商贾老板以及在社会颇有名望的帮、门、会、道首领等。这类茶馆大多地处城市繁华地段，店面高大雄伟，不论是建筑风格，还是内部装潢，都极为讲究。茶馆内环境优雅，器具名贵，还设有内室和雅座，茶资也比一般茶馆高得多。

上海还有许多大众茶馆，它遍布街市里弄。其中数量最多的是一种俗称"老虎灶"的茶馆。老虎灶一般设在马路边，砌一个灶头就可以开店。店内一般用的是廉价紫砂壶，茶叶也是最低档的粗茶。这类茶馆的茶客多为穷苦百姓和一些无业游民。当时的老虎灶也时兴"吃讲茶"，但这里的吃讲茶，不是为了生意上的矛盾或帮派之间的纷争，而是为了鸡毛蒜皮的小事，如借钱不还、家庭纠纷等。

茶馆的社会功能

上海的茶馆是新闻的集散之地。各路记者、巡捕侦探都经常光顾茶

中华文化公开课

茶文化十二讲

馆。记者在茶馆听到一些消息后，往往当场在茶馆里写稿，然后送往报社印刷发行。而巡捕侦探不仅从茶馆中得到破案线索，有的甚至在茶馆办案，把茶馆变成公事房。不过，这种茶客喝茶是不付茶资的，茶楼老板则依仗他们的势力维持市面。

上海的茶馆还是商人们进行交易的场所，他们也是上海一些茶馆的主要茶客。每日清晨，各行各业的商人都到茶馆里洽谈生意，著名实业家刘鸿生在那时就经常出入"青莲阁"茶楼与人进行煤炭交易。而创建于清末的"春风得意楼"更是商贾们的聚集之地，时间一长，商人们就形成了每天到茶楼的固定时间，并且按照不同的行业交错，形成了"茶会"。

上海的茶馆中还有一种专门从事房屋租赁或买卖的经纪人。由于他们经常活跃在上海的各种茶楼中。所以，一般有房屋出租、出卖或需租赁房屋的人就经常去茶楼与经纪人接洽。此外，上海的茶馆还有劳务市场的功能。在一些茶馆中，经常有一些手工工匠在这里等待雇工。

茶馆中的曲艺

上海有曲艺表演的茶馆多是中小型茶肆，这类茶馆一般都比较宽敞，以便于安置茶壶茶杯，茶客也可以随听随喝。茶馆门口常挂着一块黑牌，用白粉写上艺人姓名和所说的书名。尤其是到年底，茶馆主人还争邀各路艺人联袂登台表演，这时的茶客最多，茶馆主人为了容纳更多的听客，往往把桌子和凳子全部撤掉，茶也不备了，因为茶客的目的也不是为了喝茶，主要是为了听书。

茶馆对听书的老茶客服务极为周到，有的茶馆甚至在书台前设置专门的席位，以供这些人享用。而这些茶客入座时也很有特点，要茶不张口，而是用手势表示：食指伸直是绿茶，食指弯曲是红茶，五指齐伸微弯是菊茶。上海的书场式茶馆较著名的有景春楼、玉液春茶楼以及城隍庙附近的茶楼，如春风得意楼、乐辅阗、四美轩等。

上海的茶馆文化也反映了当时社会文化风貌，从中可以品味到西方思潮下的旧上海风情。

延伸阅读

热水瓶与"老虎灶"的兴衰

清朝末期，上海的老虎灶很少，而且生意也很平淡，那时的商店大多自己生炉子烧开水，供店伙计泡茶喝。因为如果自家不生炉子，就需要拎茶壶到老虎灶去冲开水，而当时没有开水瓶等保温设施，一壶茶喝完，就必须再去老虎灶，如果离老虎灶很远，就非常不便。

到20年代初，德商礼和洋行将英格兰化学家杜瓦发明的真空瓶加以改造，制成热水瓶。一些商店和单身汉为了减少麻烦，都不再自己生炉烧水，而是直接拿热水瓶到老虎灶打开水。于是老虎灶的生意也渐渐兴旺起来，再加上这段时期的战乱，一些江浙乡民纷纷逃到上海，在短短几年内，几十万人涌入上海，他们生活条件极差，喝茶全部靠老虎灶解决。从此，老虎灶开始在上海滩风行。

商气浓郁的广东茶馆文化

广州茶馆文化中的商业气息非常浓厚，无论是茶馆的名号，还是富有特色的俗约，都体现出这一特点。但是广东茶馆也有古风浓郁的一面，充满文化气息的楹联就令人惊叹不已。

在广州，饮茶之风极盛，饮茶习俗渗透到生活的方方面面。广州人称茶馆为茶楼或茶居。根据史料记载，广州第一家茶馆应该出现在唐代之后，但茶肆的繁荣是在清代。广州较有影响的老字号茶楼，大多创始于清代，至今仍有很大的号召力。到了民国时期，广州茶馆依然保持了兴旺的势头，茶馆仍然很多，高级茶楼有30多家，中档茶楼60多家，低档的也有数百家，而且供不应求。

各式各样的名号

广州茶馆的名目很多，如茶肆、茶居、茶室、茶馆、茶寮、茶楼等。清朝末年，广州最多的是"二厘馆"（即只收二厘钱的廉价茶馆），属于档次较低的茶馆。这类茶馆多设在市民集中的地方，建筑、器具、茶叶都不甚讲究，属于大众化茶馆。这里也有廉价的点心出售，据说这就是广州"早茶"的源头。

清光绪年间，广州的茶馆多改叫"茶楼"了，这些茶楼一般都较有档次。三元楼就是当时的著名茶楼。三元楼楼宇宽大、装饰豪华，镜屏字画、奇花异草应有尽有。体现了广州茶馆文化中的商业气息，在当时有很大的影响力。

随后，广州又出现了一批以"居"命名的茶馆，如怡香居、陆羽居、陶陶居等，因此，茶馆在那时也称为茶居。这些茶居大都建筑雄伟，内设豪华，其中的器具、茶叶

◆ 广东老茶楼

也很名贵，多用瓷盏沏名茶，并佐以高级点心、还有名伶艺人，吹拉弹唱，及其奢华。

古风浓郁的楹联

匾额、对联是我国古代文化的重要表现形式，至今风采依旧，广州的茶馆则继承了它的形式与精神。这使得商气浓郁的广州茶馆也具有古风浓郁的一面。据史料记载，清末广州大同茶楼就曾出巨款征联，并规定上、下联除了要有品茗之意，还要包含"大"和"同"二字。最后征到一奇联："好事不容易做，大包不容易卖，针鼻铁薄利，只想微中剥；携子饮茶者多，同丈饮茶者少，檐前水点滴，何曾倒转流"，将卖茶微利、饮茶之乐寓于联中，质朴而又自然。广州著名茶馆陶陶居的门联是："陶潜善饮，易牙善烹，饮烹有度；陶侃惜分，夏禹惜寸，分寸无遗。"此联的妙处就是将"陶陶"二字嵌于上下联之首。

富于特色的俗约

在广州，茶馆的规矩很多。最为典型的是客人需要添水时，服务员不为客人揭壶盖冲水，客人必须自己打开壶盖。部分茶楼还有收"小费"的习惯，体现了广州浓厚的商业氛围。此外，当服务人员端上茶或点心时，客人用食指和中指轻轻在台面上点几点，以示感谢。据说，这是乾隆下江南时流传下来的礼俗。

广州茶馆实行"三茶两饭"。所谓"三茶"，即在一天之内有早、午、晚茶三次，"两饭"则指午、晚饭各一。广州的"三茶"以早茶最为热闹，"饮早茶"是广州茶文化最具特色的内容，突出体现了岭南

◆ 广州茶楼内饰

文化"早"的特色。广州人饮早茶的同时一定要伴以可口的茶点，一般两种，这就是广州茶馆中最著名的"一盅两件"。这些特点也是广州茶馆文化的突出之处。

延伸阅读

广州茶馆中的"茶点"

清代广州茶馆中的点心是由茶客自取，吃完后结账。当时茶点的种类很少，仅有蛋卷、酥饼之类。清末，广州成为中西文化交汇的窗口，茶馆自然也受到西方的影响，出现了面包、蛋糕等洋味点心。民国时期，茶馆点心日趋多样化，增加了各种富有岭南特色的糕点，如豆沙包、椰蓉包、叉烧包、腊肠卷，以及干蒸烧卖、虾饺烧卖等。20世纪30年代后期，还出现了李应、余大苏等技艺超群的点心"四大天王"。广州点心，兼收中西点心制作之优长，而形成自身的特色，主要特点是：选料广博，造型独特，款式新颖，制作精细，皮松馅薄。茶点，也成为广州美食的重要组成部分。广州配茶点心的丰富多彩，不仅体现广州人饮茶有着丰富的文化内涵，而且标志着广州茶文化逐渐进入兴盛时期。

包罗万象的杭州茶馆文化

吴越地区是中国的产茶圣地，独特的区域文化造就了丰富多彩的茶文化，而吴越茶文化的典型代表就是杭州茶馆文化。杭州的茶馆自南宋开始兴盛，茶馆的种类、功能都极为齐全。

南宋时，杭州茶馆星罗棋布，盛极一时。南宋诗人吴自牧所著《梦粱录》专列"茶肆"一卷，记述了杭州茶馆业的盛况，以后历代都没有超出过南宋。直到晚清及民国末年，由于市民阶层的进一步扩大，杭州茶馆又得到了迅猛发展，仅大型茶馆就达三百多家，小型茶馆、茶摊更是不计其数，空前繁荣。

茶馆中的曲艺

自宋代以来，杭州的茶馆中就有多种形式的曲艺表演，其中最为广泛的就是说书。清同治、光绪年间，茶馆书场发展很快，较有名的有三雅园、藕香居及四海第一楼、雅园、迎宾楼、碧露轩、补经楼、醒狮台等。到了民国时整个杭州茶馆书场多达两百余家，较大的有望湖楼、得意楼、雅园、碧雅轩、松声阁等。一般而言，稍大一点的茶馆都设有专门的书场，请说书艺人进馆表演。

除了评话说书外，还有不少曲艺品种也选择茶馆作为表演场所，如说唱评词的涌昌、宝泉居、杨冬林等茶馆。演唱杭摊的宴宾档、望湖楼等茶馆。演唱杭州地方曲种的

◆ 杭州茶馆

也有数十家之多。总之在当时，曲艺往往选择茶馆作为生存场所和立足之地，而茶馆也把曲艺作为招徕生意的手段。

专门性茶馆的出现

杭州的一些茶馆还具有行业性的特征，同一行业或爱好相同的人，每天到特定茶馆聚会、谈生意、找工作、交流技艺。如南班巷茶馆就是曲艺艺人们指定的聚会之所，住在上城区的艺人们每天上午都来此吃茶，商议业务，交流说书唱曲技艺。周围的一些茶馆书场老板也会按时赶来，寻找需要的艺人并商定场次与节目安排。然而最有特色的还是"鸟儿茶会"。清末以前，杭州喜欢养鸟的人不少，他们拎着鸟笼到特定的茶馆聚会，叫做鸟儿茶会，当时较著名的有三处：涌金门外的三雅园，官巷口与青年路之间的胡儿巷，另一处是鸟雀专业交易市场，叫"禾园茶楼"。 这一类的还有万安桥下的水果行茶店，堂子巷、城头巷等处的木匠业茶店等等，都是特定行业聚会之所，在当时杭城都小有名气。

别具一格的旅游茶馆

杭州最有特色的茶馆当属西湖水面上的"船茶"。旧时西湖上有一种载客的小船，摇船的多为青年妇女，当地人称作"船娘"。小游船布置得干净整洁，搭着白布棚，既可遮阳，又可避雨。舱内摆放一张小方桌和几只椅子，桌上放有茶壶、茶杯。游客上船，船娘便先沏上一壶香茗，然后荡开小船，成了一座流动茶馆了。此外，吴山茶室也是赏景品茶的绝妙去处。吴山脚边的"鼓楼茶园"，环境清幽，冬暖夏凉。清代小说家吴敬梓在乾隆年间来杭州游玩，对吴山茶室印象很深，在《儒林外史》中花了大量笔墨描述了"马二先生"上吴山品茗的情况。

茶馆中的社会

近代杭州茶馆也是各种消息的集散地，人们在这里议论国家大事和民间琐事，散布奇闻轶事和各种流言。衙门捕快也常混迹其中，监视舆论。因此许多茶馆怕茶客惹是生非，常在醒目处帖上"莫谈国事"的纸条。一些茶客终日混迹于茶馆，养成散漫的性情。更有一些茶客上茶馆并非为了品茗，而是寻找刺激，吃喝玩乐，甚至狎妓。茶馆里还有各种形式的赌博、打牌搓麻、掷骰划拳、赛鸟斗蟋蟀等等。但不管怎样，近代杭州茶馆富有鲜明的地域特色，是吴越茶馆文化的典型代表，真实地反映了当时杭州社会状况和人情风物，是观察近代杭州的百叶窗。

延伸阅读

杭州的"湖山喜雨台"

近代杭州规模最大、最具有代表性的茶馆当属"湖山喜雨台"。此茶馆创办于1913年，规模宏大，气势超凡。喜雨台开张后，原来分散在各处的同行茶会多转到此处，一时间，行业汇聚，如古玩、书画、纺织、粮油、房地产、营造、水木作、柴炭、竹木、砖瓦、饮食、水产、贳器、花鸟虫鱼等等。这些茶会多有特定的座位，同行业的人围坐在一起，洽谈生意，等候招揽。可以说喜雨台成了当时杭州市民生活的一个重要场所，市民生活上的难题，只要找到茶会上，立刻可获得圆满解决。喜雨台里也汇聚了各种文娱活动，每天下午和晚上，都要聘请较有名望的艺人表演评书、评弹、歌曲、京剧等。有的一个场子不够，就分场同时演出。另外还开辟有弹子房、象棋间、围棋间，供不同爱好的人娱乐。

色彩斑斓的四川茶馆文化

在四川，泡茶馆是人们生活的一部分。巴蜀文化所特有的封闭性和静谧性与茶馆的文化氛围极为调和，这就形成独具特色的四川茶馆文化。

"头上晴天少，眼前茶馆多"就是指四川，在这里不论是风景名胜，大街小巷还是田间地头，茶馆随处可见。这些茶馆不但价格低廉，而且服务周到，一杯茶、一碟小吃就可以消遣半日。在茶馆之中休闲的同时，也可以尽情地领略巴蜀之地的茶馆文化。四川著名作家李劼人曾说过："要想懂得成都，必须先懂得茶馆。"在他的著名作品《死水微澜》、《暴风雨前》和《大波》中，对成都四川的茶馆有极为精彩的描写。另一位作家沙汀，他的代表作

◆ 成都老茶馆（顺行茶馆）

《在其香居茶馆里》，故事就以一家川西茶馆为背景而展开。

精巧的内设

四川生产竹子，茶馆大多以竹子作为其建筑材料，馆内的桌椅板凳也多为竹制。一方面是取材方便，另一方面则是竹的清雅之风与茶的清新之香珠联璧合。有些茶馆内还张贴许多名人的字画以供客人在饮茶之余欣赏。

四川茶馆对茶具的选择很讲究。这里的茶以盖碗茶居多，盖碗茶具分茶碗、茶船（茶托）、茶盖三部分，各有其独特的功能。茶船既防烫坏桌面，又便于端茶。茶盖则有利于泡出茶香及刮去浮沫，若将其置于桌面，则表示茶杯已空；倘有茶客将茶盖扣置于竹椅之上，表示暂时离去，少待即归。由此可知，精巧的盖碗茶具不仅美观，而且实用。

精湛的茶艺

四川茶馆特别值得一提的是号称"巴蜀一绝"的掺茶技艺。在大大小小的茶馆中，茶堂倌(也称茶博士)提壶倒水是千年传承下来的绝技。当茶客一进店，茶倌左手拿七八套茶碗，右手提壶快步迎上前来，先把茶船布在桌上，继而把茶盖搁在茶船旁，然

中华文化公开课

茶文化十二讲

◆ 巴蜀人的竹制茶座儿

后又把装好茶叶的茶碗放到茶船上。之后便是表演绝技，堂倌把壶提到齐肩高，水柱临空而降，像一条优美的弧线飞入茶碗，须臾之间，戛然而止，茶水恰与碗口平齐，最后用小指把茶杯盖轻轻一勾，来个"海底捞月"稳稳扣在碗口，整个过程没有一滴水洒在桌面、地上。有时候堂倌还哼几句川戏，别有一番风味。

休闲娱乐之所

四川人泡茶馆并不只是为了饮茶，而是"摆龙门阵"（即聊天），并借此获得精神上的满足。把自己的新闻告诉别人，再从别人那里获得更多的社会信息，家长里短、国际大事都是佐茶的谈资。在熙来攘往的茶馆之中，一边品茶，一边谈笑风生，人生之乐，不过如此。四川茶馆还是休闲娱乐场所。到了晚上，若无处消遣，就可以到茶馆去，要一杯茶，边饮茶边欣赏具有浓郁地方特色的曲艺节目，如川剧或者四川扬琴、评书、清音、金钱板等。

社会交往之所

四川的茶馆除了休闲娱乐之外，也是重要的社交场所。在旧社会，三教九流相聚于此。不同行业、各类社团也在这里了解行情、洽谈生意或看货交易。黑社会的枪支、鸦片交易也多选在茶馆里进行，因为这里的嘈杂、喧闹提供了相对安全的交易环境。袍哥组织（清末民国时期四川盛行的一种民间帮会组织）的联络点也常设在茶馆里。每当较有势力的人物光顾时，凡认识的都要点头、躬腰，为付茶钱争得面红耳赤，青筋毕露。这时，谙于人情世故且又经验丰富的堂倌就会择"优"而取，使各方满意。

总之，四川茶馆是多功能的，集政治、经济、文化功能为一体，大有为社会"拾遗补缺"的作用。因此，四川茶馆可以说是社会生活的一面镜子，虽然少了些儒雅，但茶的文化社会功能却得到充分体现，这也是四川茶馆文化的一大特点。

延伸阅读

四川茶馆中的"吃讲茶"

"吃讲茶"，是老成都人解决日常纠纷的一种办法。每逢茶铺里出现吃讲茶的，看闹热的最多，而最忙的要数堂倌了。茶碗一摆摆地抱来摆开，见坐下来的就得泡一碗。"吃讲茶"的关键在于当事双方各自"搬"来什么人。如果"后台"硬，即使无理也会变得"有理"；如果地位低于对方，有理也说不清楚，那只好认输把全部茶钱付了。也有双方势均力敌，僵持不下的，出面的"首人"，便采取各打五十板的办法，让双方共同付茶钱，或者他装起一副准备掏钱的架势，意在"将"双方"一军"。此刻，双方只好"和解"了事。偶尔也有一言不和，茶碗乱飞，头破血流的，最后赔偿时，打烂的茶碗、桌椅，都一齐算到"输理"者账上。